木薯种质资源表型精准评价图谱

陈松笔　李开绵　等　编著

中国农业科学技术出版社

图书在版编目（CIP）数据

木薯种质资源表型精准评价图谱 / 陈松笔等编著 . -- 北京：中国农业科学技术出版社，2022.11

ISBN 978-7-5116-6023-7

Ⅰ. ①木… Ⅱ. ①陈… Ⅲ. ①木薯—种质资源—图谱 Ⅳ. ① S533.024-64

中国版本图书馆 CIP 数据核字（2022）第 218530 号

责任编辑 徐定娜
责任校对 李向荣
责任印制 姜义伟 王思文

出　　版 中国农业科学技术出版社
北京市中关村南大街 12 号 邮编：100081
电　　话（010）82105169（编辑室）
（010）82109702（发行部）（010）82109709（读者服务部）
网　　址 http://castp.caas.cn
经　　销 各地新华书店
印　　刷 北京科信印刷有限公司
开　　本 185mm × 260mm 1/16
印　　张 10.25
字　　数 205 千字
版　　次 2022 年 11 月第 1 版 2022 年 11 月第 1 次印刷
定　　价 98.00 元

研究资助

本研究得到以下资助：

- 国家重点研发计划“热带作物种质资源精准评价与基因发掘”项目（No. 2019YFD1000500）
- 海南省重点研发项目“全球代表性木薯种质资源DNA分子身份证构建”
- 国家自然科学基金面上项目（No. 31871687）
- 中央级公益性科研院所基本科研业务费（No.1630032022007）
- 中国热带农业科学院热带作物品种资源研究所
- 农业农村部木薯种质资源保护与利用重点实验室
- 国家木薯产业技术体系
- 中国热带作物学会薯类专业委员会

《木薯种质资源表型精准评价图谱》

编著人员

主　编：陈松笔　李开绵　罗秀芹　薛晶晶　安飞飞
　　　　蔡　杰　朱文丽

副主编：李　琼　薛茂富　齐剑雄　肖鑫辉　王　明

参　编：韦卓文　丁　云　蔡煜琦　崔　敏　朱传尊
　　　　羊兴爱　马燕燕

目 录

MS000002 木薯

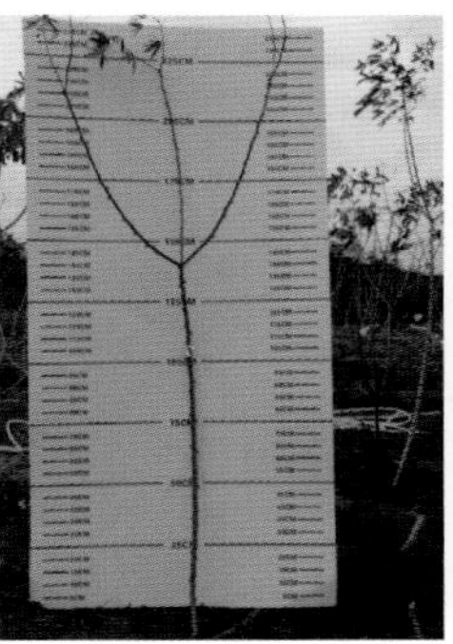

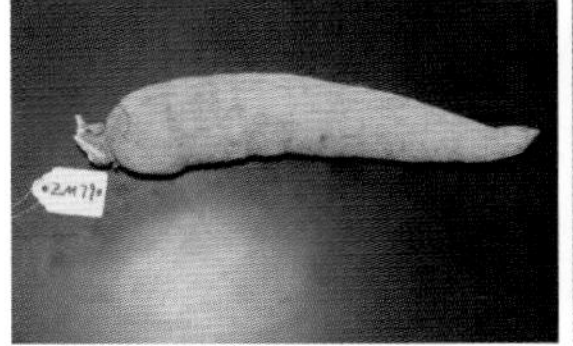
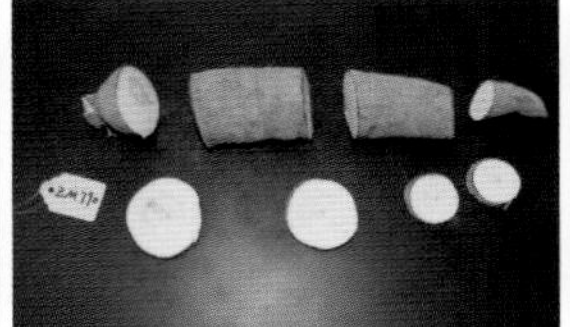
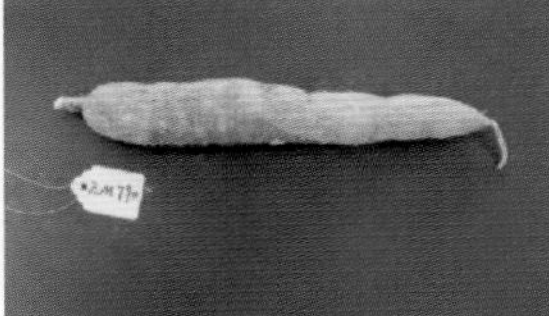
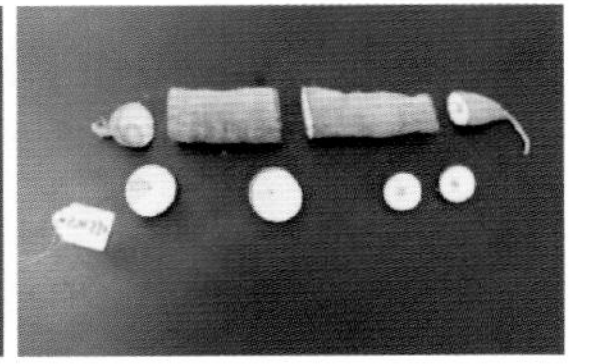

资源编号[①]	资源名称	株高（cm）	主茎高（cm）	分枝长度（cm）	分枝数（个）	分枝角度（°）	株型（1 直立 2 紧凑 3 伞形）	株型（分杈 1 低 2 中 3 高）	节间密度（个 / 50 cm）	块根表皮（1 光滑 2 粗糙）	块根缢痕（1 无 2 有）	主茎粗（cm）
74	MS000002	252.40	131.00	99.80	3	40	3	2	16.34	2	2	2.46

资源编号	资源名称	主茎外表皮颜色	主茎内表皮颜色	地上生物量（斤[②]）	单株鲜薯重（斤）	薯肉颜色	氰苷含量（μg/g）	块根的β-胡萝卜素含量（μg/g）	淀粉含量（%）	耐采后腐烂等级	叶片净光合速率[μmol/(m²·s)]
		（1 灰白色 2 灰绿色 3 灰黄色 4 黄褐色 5 中等褐色 6 红褐色 7 深褐色）									
74	MS000002	4	1	4.67	1.90	白	32.50	0.27	36.55	4	17.13

① 资源编号为作者单位的内部编号；② 1 斤 = 0.5 kg，下同。

MS000003 木薯

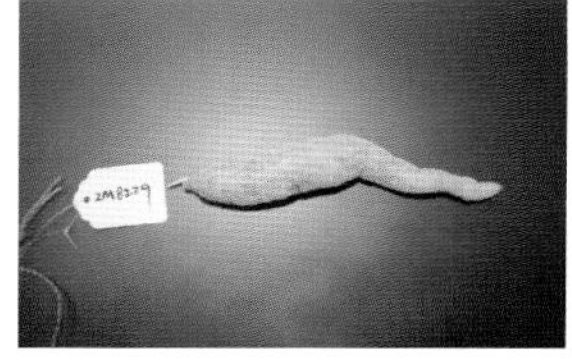
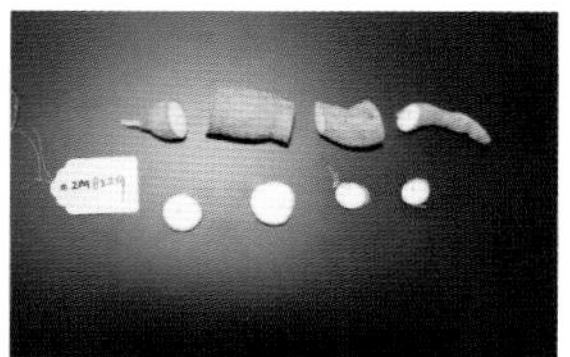

资源编号	资源名称	株高（cm）	主茎高（cm）	分枝长度（cm）	分枝数（个）	分枝角度（°）	株型（1 直立 2 紧凑 3 伞形）	株型（分杈 1 低 2 中 3 高）	节间密度（个 / 50 cm）	块根表皮（1 光滑 2 粗糙）	块根缢痕（1 无 2 有）	主茎粗（cm）
4	MS000003	230.00	90.00	93.50	4	52.50	3	2	12.98	1	1	2.85

资源编号	资源名称	主茎外表皮颜色	主茎内表皮颜色	地上生物量（斤）	单株鲜薯重（斤）	薯肉颜色	氰苷含量（μg/g）	块根的β-胡萝卜素含量（μg/g）	淀粉含量（%）	耐采后腐烂等级	叶片净光合速率［μmol/(m²·s)］
		（1 灰白色 2 灰绿色 3 灰黄色 4 黄褐色 5 中等褐色 6 红褐色 7 深褐色）									
4	MS000003	3	5	4.80	0.93	白	73.55	0.09	29.80	4	17.41

MS000009 木薯

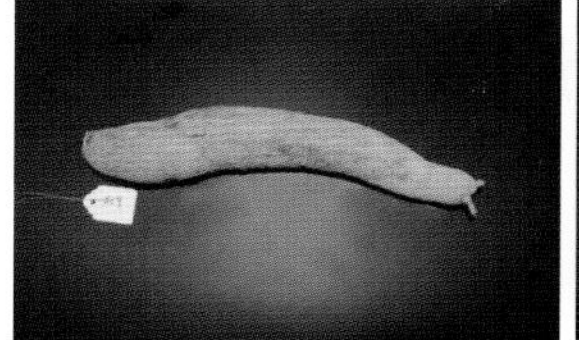
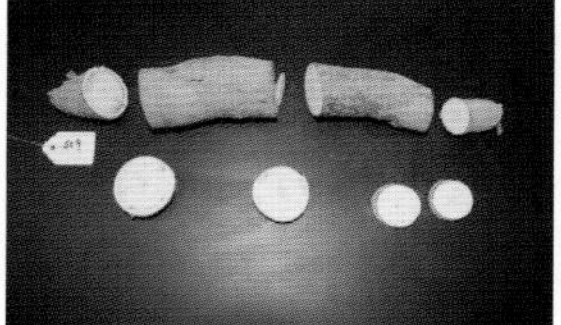
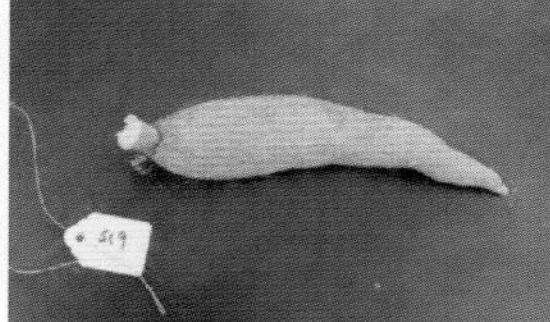
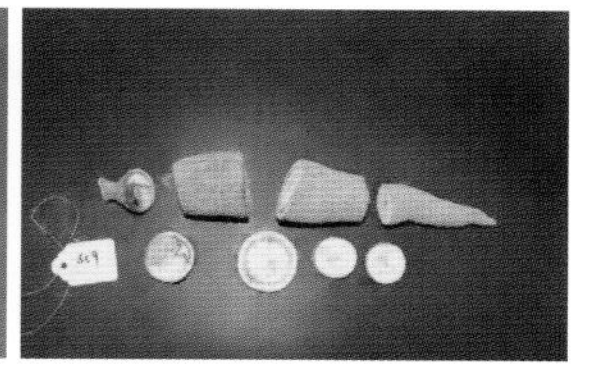

资源编号	资源名称	株高（cm）	主茎高（cm）	分枝长度（cm）	分枝数（个）	分枝角度（°）	株型（1 直立 2 紧凑 3 伞形）	株型（分杈 1 低 2 中 3 高）	节间密度（个 / 50 cm）	块根表皮（1 光滑 2 粗糙）	块根缢痕（1 无 2 有）	主茎粗（cm）
76	MS000009	248.00	52.40	94.20	3	36	3	1	16.03	2	2	2.40

资源编号	资源名称	主茎外表皮颜色	主茎内表皮颜色	地上生物量（斤）	单株鲜薯重（斤）	薯肉颜色	氰苷含量（μg/g）	块根的β-胡萝卜素含量（μg/g）	淀粉含量（%）	耐采后腐烂等级	叶片净光合速率［μmol/(m²·s)］
		（1 灰白色 2 灰绿色 3 灰黄色 4 黄褐色 5 中等褐色 6 红褐色 7 深褐色）									
76	MS000009	3	2	4.85	2.93	黄	35.57	2.54	38.30	4	16.18

MS000010 木薯

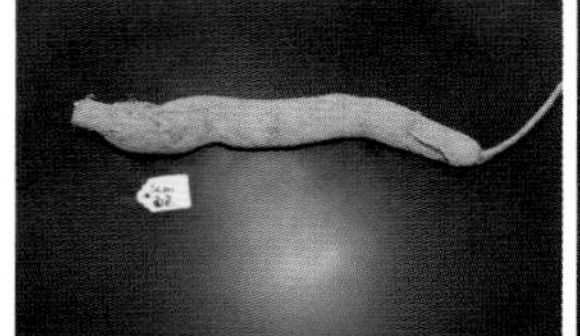
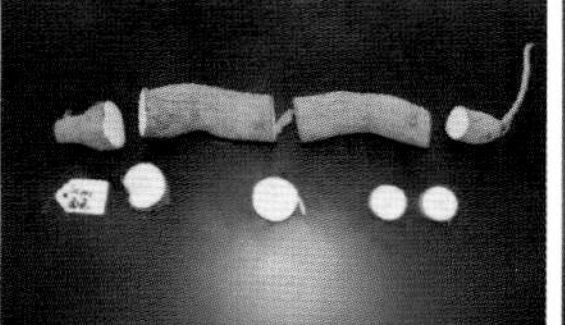
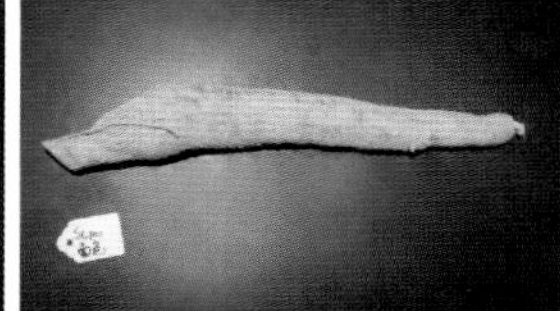
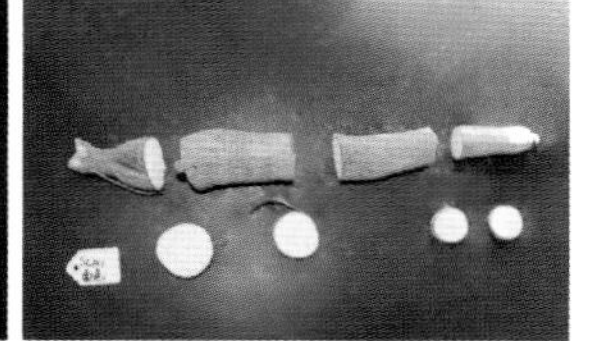

资源编号	资源名称	株高（cm）	主茎高（cm）	分枝长度（cm）	分枝数（个）	分枝角度（°）	株型（1 直立 2 紧凑 3 伞形）	株型（分杈 1 低 2 中 3 高）	节间密度（个 / 50 cm）	块根表皮（1 光滑 2 粗糙）	块根缢痕（1 无 2 有）	主茎粗（cm）
17	MS000010	323.00	115.00	113.80	3	50	3	2	18.12	2	1	3.24

资源编号	资源名称	主茎外表皮颜色	主茎内表皮颜色	地上生物量（斤）	单株鲜薯重（斤）	薯肉颜色	氰苷含量（μg/g）	块根的β-胡萝卜素含量（μg/g）	淀粉含量（%）	耐采后腐烂等级	叶片净光合速率[μmol/(m^2·s)]
		（1 灰白色 2 灰绿色 3 灰黄色 4 黄褐色 5 中等褐色 6 红褐色 7 深褐色）									
17	MS000010	3	3	8.80	1.81	白	49.50	0.17	31.41	3	16.47

MS000013 木薯

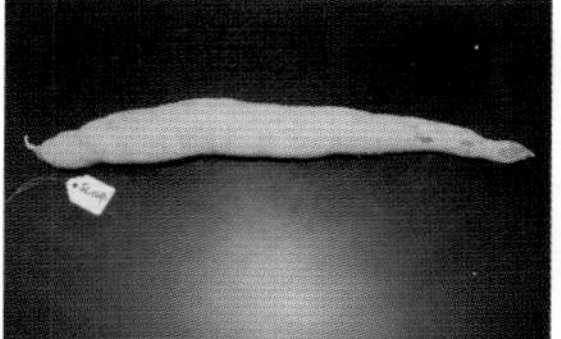
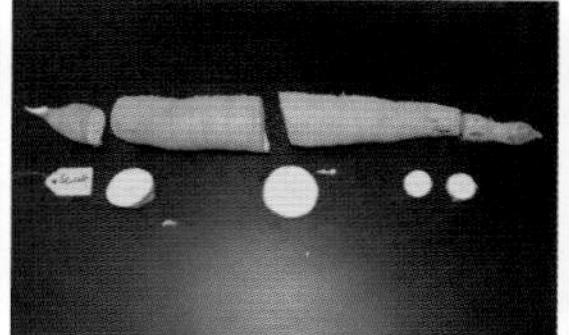
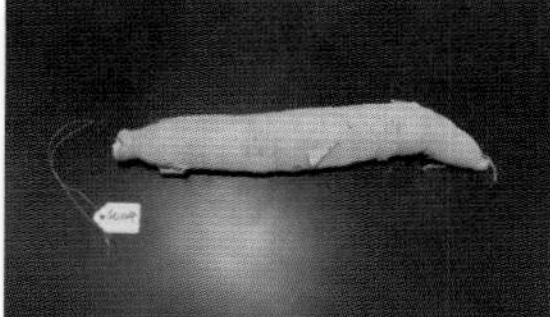
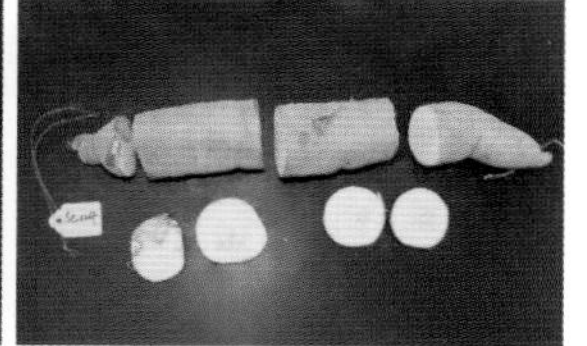

资源编号	资源名称	株高（cm）	主茎高（cm）	分枝长度（cm）	分枝数（个）	分枝角度（°）	株型（1 直立 2 紧凑 3 伞形）	株型（分杈 1 低 2 中 3 高）	节间密度（个 / 50 cm）	块根表皮（1 光滑 2 粗糙）	块根缢痕（1 无 2 有）	主茎粗（cm）
93	MS000013	283.20	258.00	22.50	4	50	3	2	19.53	2	1	2.50

资源编号	资源名称	主茎外表皮颜色	主茎内表皮颜色	地上生物量（斤）	单株鲜薯重（斤）	薯肉颜色	氰苷含量（μg/g）	块根的β-胡萝卜素含量（μg/g）	淀粉含量（%）	耐采后腐烂等级	叶片净光合速率[μmol/(m²·s)]
		（1 灰白色 2 灰绿色 3 灰黄色 4 黄褐色 5 中等褐色 6 红褐色 7 深褐色）									
93	MS000013	2	3	9.51	5.89	白	54.08	0.15	18.66	4	18.33

MS000019 木薯

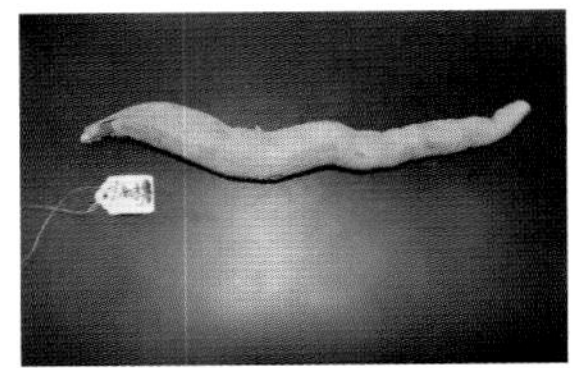
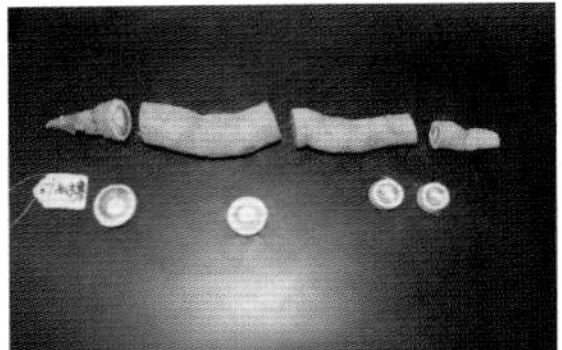
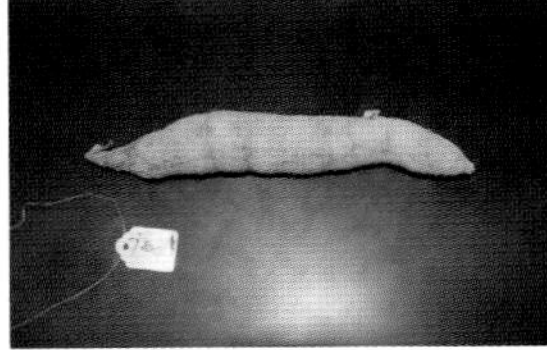
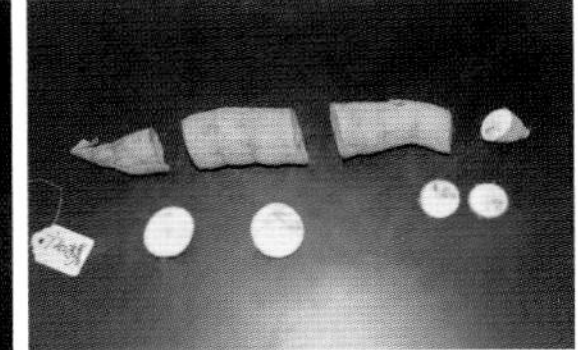

资源编号	资源名称	株高（cm）	主茎高（cm）	分枝长度（cm）	分枝数（个）	分枝角度（°）	株型（1 直立 2 紧凑 3 伞形）	株型（分杈 1 低 2 中 3 高）	节间密度（个 / 50 cm）	块根表皮（1 光滑 2 粗糙）	块根缢痕（1 无 2 有）	主茎粗（cm）
155	MS000019	255.20	165.00	74.60	3	77.2	1	2	13.51	2	2	2.62

资源编号	资源名称	主茎外表皮颜色	主茎内表皮颜色	地上生物量（斤）	单株鲜薯重（斤）	薯肉颜色	氰苷含量（μg/g）	块根的β-胡萝卜素含量（μg/g）	淀粉含量（%）	耐采后腐烂等级	叶片净光合速率[μmol/(m^2·s)]
		（1 灰白色 2 灰绿色 3 灰黄色 4 黄褐色 5 中等褐色 6 红褐色 7 深褐色）									
155	MS000019	3	1	5.92	1.34	白	4.57	0.18	38.74	4	15.10

MS000020 木薯

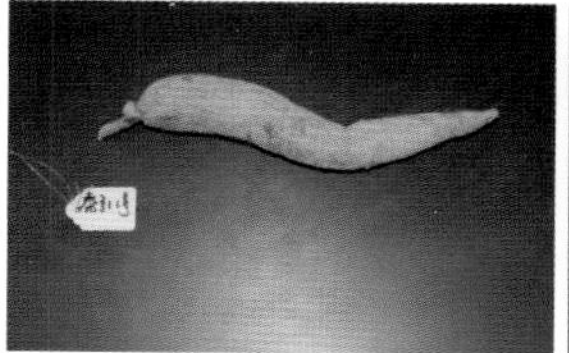
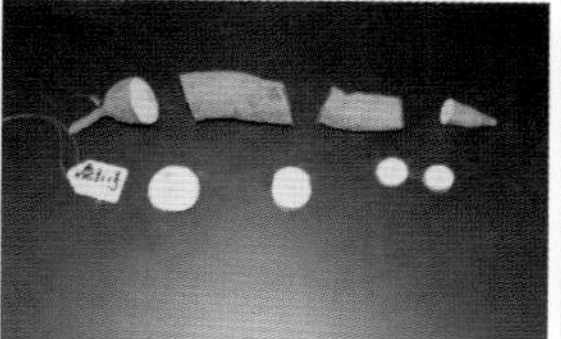
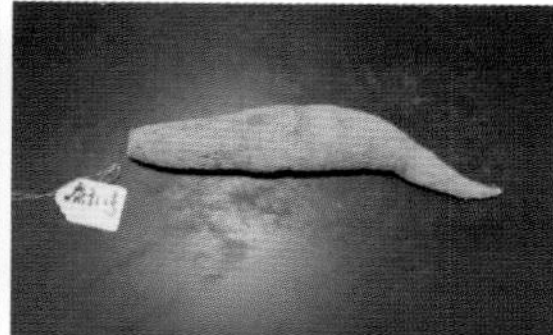
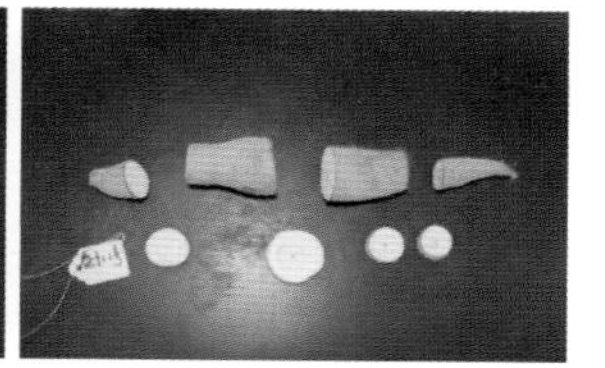

资源编号	资源名称	株高（cm）	主茎高（cm）	分枝长度（cm）	分枝数（个）	分枝角度（°）	株型（1 直立 2 紧凑 3 伞形）	株型（分杈 1 低 2 中 3 高）	节间密度（个 / 50 cm）	块根表皮（1 光滑 2 粗糙）	块根缢痕（1 无 2 有）	主茎粗（cm）
100	MS000020	252.40	162.00	110.30	3	27	3	2	14.62	2	1	2.06

资源编号	资源名称	主茎外表皮颜色	主茎内表皮颜色	地上生物量（斤）	单株鲜薯重（斤）	薯肉颜色	氰苷含量（μg/g）	块根的β-胡萝卜素含量（μg/g）	淀粉含量（%）	耐采后腐烂等级	叶片净光合速率[μmol/(m²·s)]
		（1 灰白色 2 灰绿色 3 灰黄色 4 黄褐色 5 中等褐色 6 红褐色 7 深褐色）									
100	MS000020	7	1	2.70	0.99	黄	23.79	2.84	39.20	4	16.41

MS000021 木薯

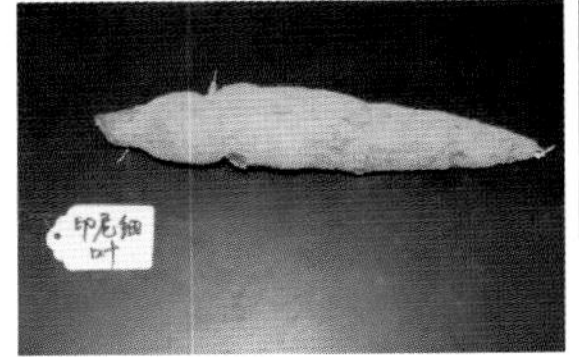
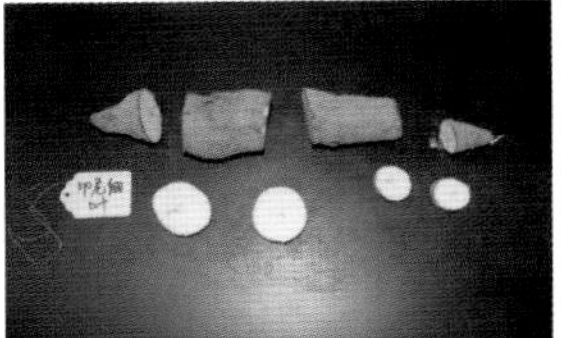
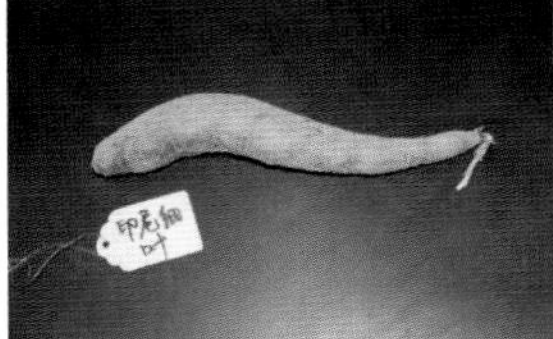
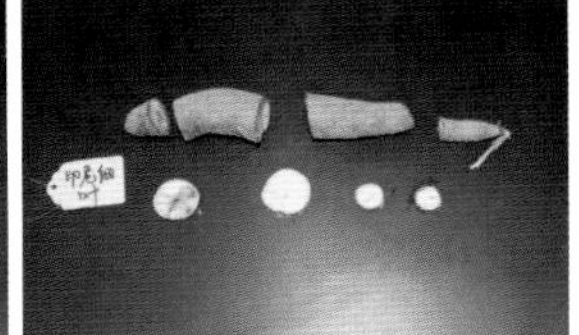

资源编号	资源名称	株高（cm）	主茎高（cm）	分枝长度（cm）	分枝数（个）	分枝角度（°）	株型（1 直立 2 紧凑 3 伞形）	株型（分杈 1 低 2 中 3 高）	节间密度（个 / 50 cm）	块根表皮（1 光滑 2 粗糙）	块根缢痕（1 无 2 有）	主茎粗（cm）
73	MS000021	222.40	161.00	76.75	3	38.80	2	3	15.43	2	2	2.26

资源编号	资源名称	主茎外表皮颜色	主茎内表皮颜色	地上生物量（斤）	单株鲜薯重（斤）	薯肉颜色	氰苷含量（μg/g）	块根的β-胡萝卜素含量（μg/g）	淀粉含量（%）	耐采后腐烂等级	叶片净光合速率[μmol/(m²·s)]
		（1 灰白色 2 灰绿色 3 灰黄色 4 黄褐色 5 中等褐色 6 红褐色 7 深褐色）									
73	MS000021	7	3	5.56	3.50	白	248.05	0.03	26.14	4	16.67

MS000024 木薯

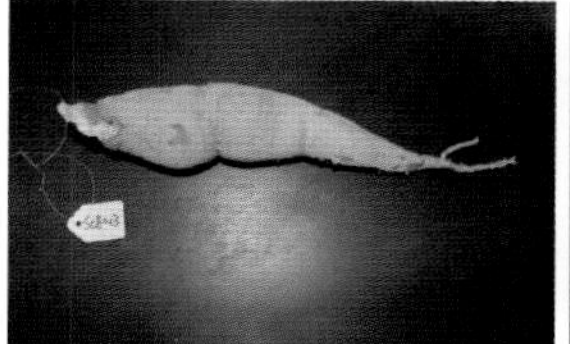
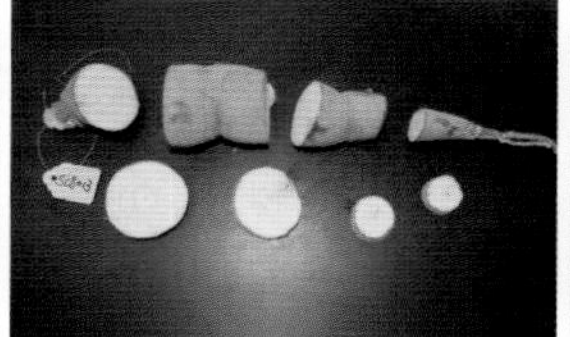
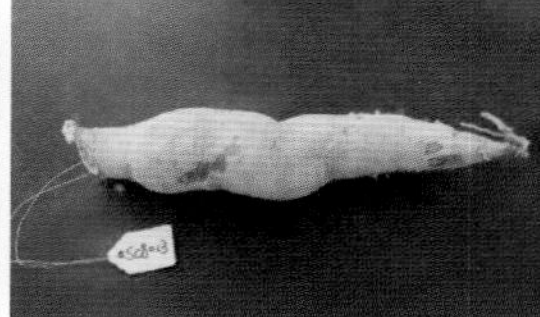
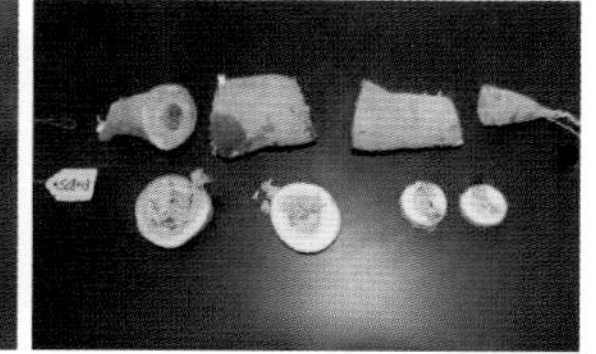

资源编号	资源名称	株高（cm）	主茎高（cm）	分枝长度（cm）	分枝数（个）	分枝角度（°）	株型（1 直立 2 紧凑 3 伞形）	株型（分杈 1 低 2 中 3 高）	节间密度（个 / 50 cm）	块根表皮（1 光滑 2 粗糙）	块根缢痕（1 无 2 有）	主茎粗（cm）
78	MS000024	263.25	134.00	96.25	3	41.30	3	3	17.54	1	2	3

资源编号	资源名称	主茎外表皮颜色	主茎内表皮颜色	地上生物量（斤）	单株鲜薯重（斤）	薯肉颜色	氰苷含量（μg/g）	块根的β-胡萝卜素含量（μg/g）	淀粉含量（%）	耐采后腐烂等级	叶片净光合速率[μmol/(m^2·s)]
		（1 灰白色 2 灰绿色 3 灰黄色 4 黄褐色 5 中等褐色 6 红褐色 7 深褐色）									
78	MS000024	5	4	6.30	2.88	白	54.94	0.12	39.74	4	18.69

MS000028 木薯

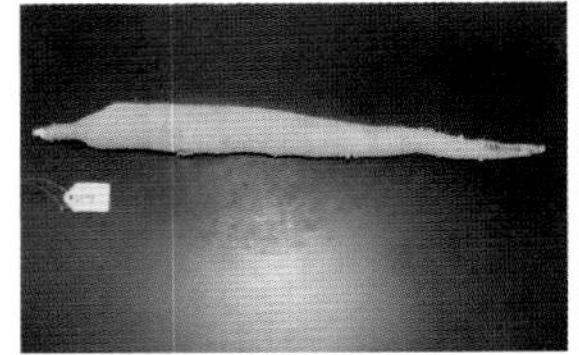
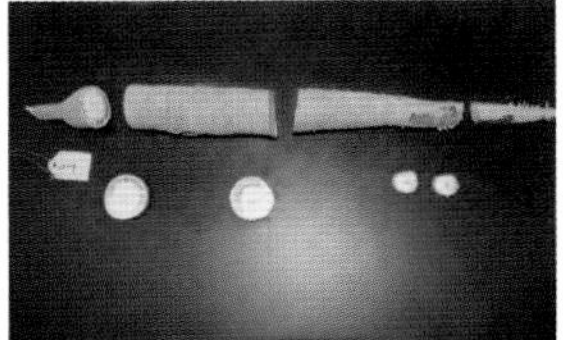
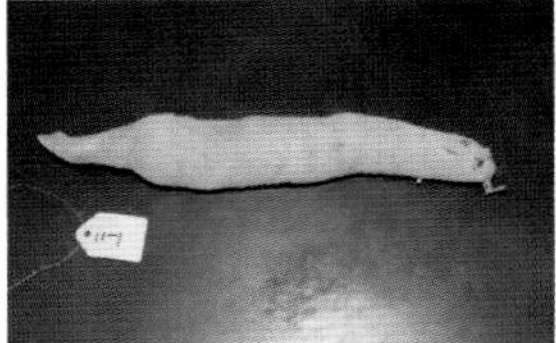
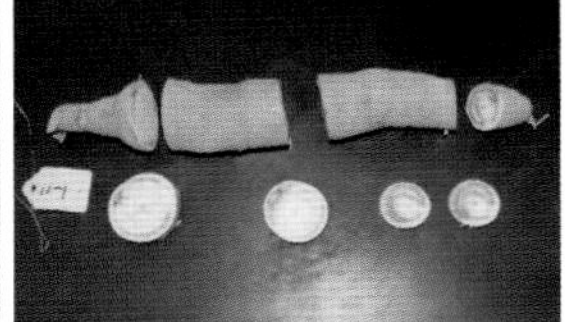

资源编号	资源名称	株高（cm）	主茎高（cm）	分枝长度（cm）	分枝数（个）	分枝角度（°）	株型（1 直立 2 紧凑 3 伞形）	株型（分杈 1 低 2 中 3 高）	节间密度（个 / 50 cm）	块根表皮（1 光滑 2 粗糙）	块根缢痕（1 无 2 有）	主茎粗（cm）
127	MS000028	292.60	216.00	97.00	2	37.50	2	1	20.49	1	1	2.52

资源编号	资源名称	主茎外表皮颜色	主茎内表皮颜色	地上生物量（斤）	单株鲜薯重（斤）	薯肉颜色	氰苷含量（μg/g）	块根的β-胡萝卜素含量（μg/g）	淀粉含量（%）	耐采后腐烂等级	叶片净光合速率［μmol/(m²·s)］
		（1 灰白色 2 灰绿色 3 灰黄色 4 黄褐色 5 中等褐色 6 红褐色 7 深褐色）									
127	MS000028	5	3	6.22	5.16	白	16.08	0.16	30.45	4	13.72

MS000030 木薯

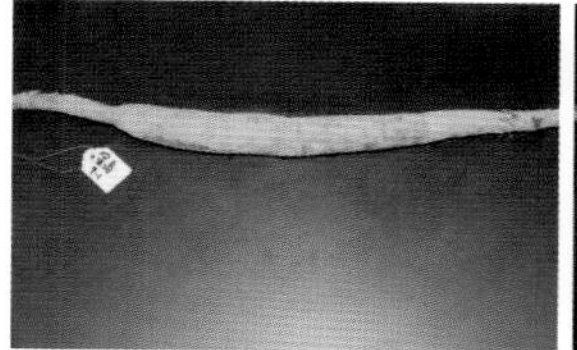
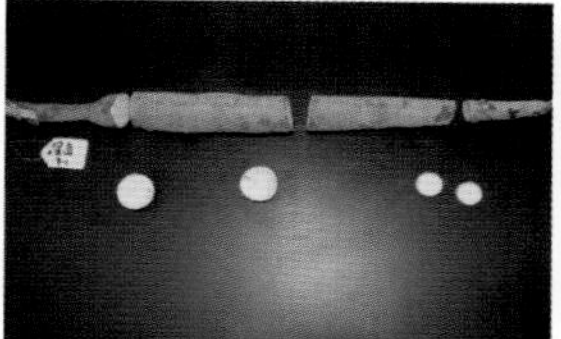
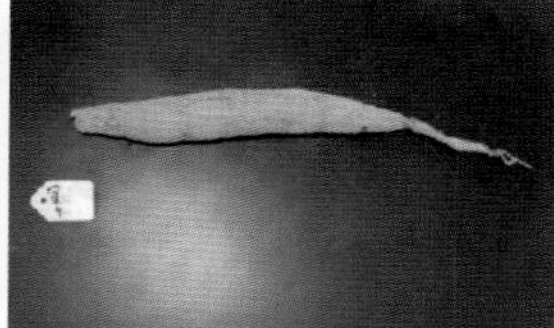
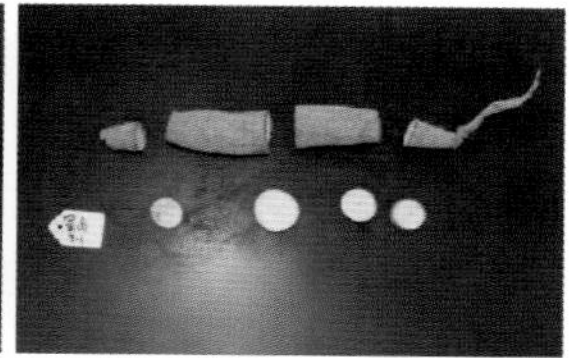

资源编号	资源名称	株高（cm）	主茎高（cm）	分枝长度（cm）	分枝数（个）	分枝角度（°）	株型（1 直立 2 紧凑 3 伞形）	株型（分杈 1 低 2 中 3 高）	节间密度（个/50 cm）	块根表皮（1 光滑 2 粗糙）	块根缢痕（1 无 2 有）	主茎粗（cm）
98	MS000030	332.40	282.00	50.20	3	35	3	3	22.32	2	1	2.74

资源编号	资源名称	主茎外表皮颜色	主茎内表皮颜色	地上生物量（斤）	单株鲜薯重（斤）	薯肉颜色	氰苷含量（μg/g）	块根的β-胡萝卜素含量（μg/g）	淀粉含量（%）	耐采后腐烂等级	叶片净光合速率[μmol/(m²·s)]
		（1 灰白色 2 灰绿色 3 灰黄色 4 黄褐色 5 中等褐色 6 红褐色 7 深褐色）									
98	MS000030	5	3	5.30	4.18	白	6.56	0.11	29.25	4	18.51

MS000032 木薯

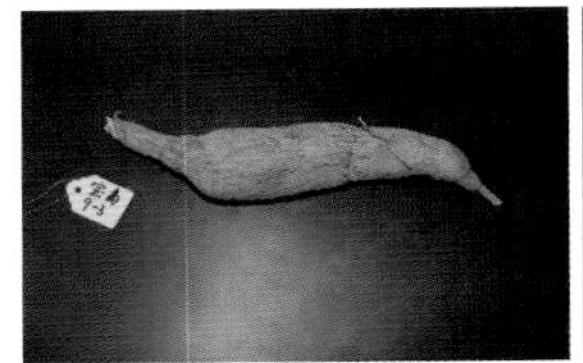
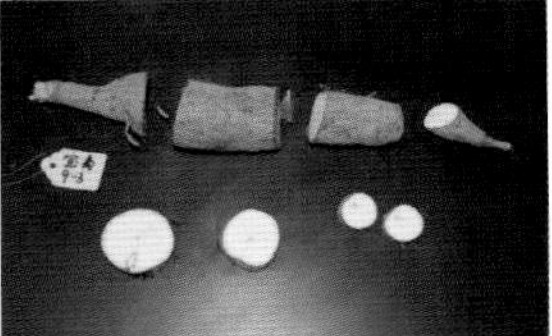
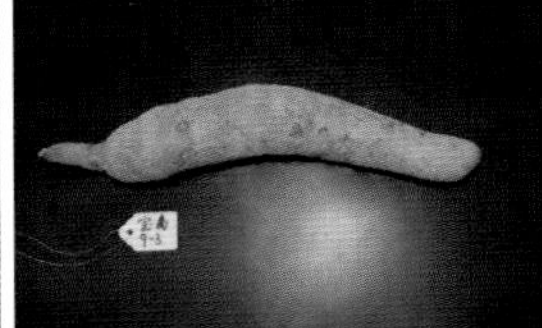
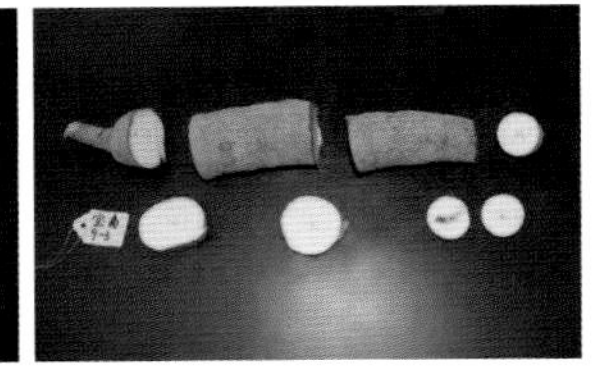

资源编号	资源名称	株高（cm）	主茎高（cm）	分枝长度（cm）	分枝数（个）	分枝角度（°）	株型（1 直立 2 紧凑 3 伞形）	株型（分杈 1 低 2 中 3 高）	节间密度（个 / 50 cm）	块根表皮（1 光滑 2 粗糙）	块根缢痕（1 无 2 有）	主茎粗（cm）
36	MS000032	256.00	117.00	98.75	3	41.25	2	2	15.06	2	1	2.44

资源编号	资源名称	主茎外表皮颜色	主茎内表皮颜色	地上生物量（斤）	单株鲜薯重（斤）	薯肉颜色	氰苷含量（μg/g）	块根的β-胡萝卜素含量（μg/g）	淀粉含量（%）	耐采后腐烂等级	叶片净光合速率[μmol/(m^2·s)]
		（1 灰白色 2 灰绿色 3 灰黄色 4 黄褐色 5 中等褐色 6 红褐色 7 深褐色）									
36	MS000032	4	1	6.10	2.74	白	53.74	0.07	19.09	1	16.64

MS000036 木薯

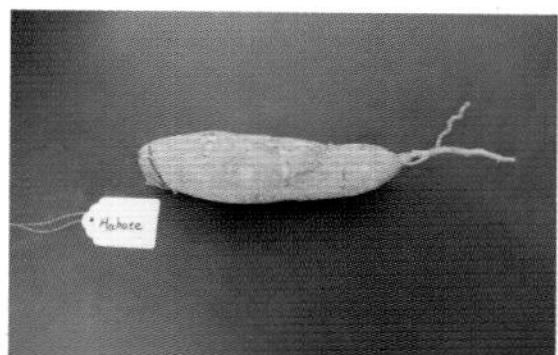

资源编号	资源名称	株高（cm）	主茎高（cm）	分枝长度（cm）	分枝数（个）	分枝角度（°）	株型（1直立 2紧凑 3伞形）	株型（分杈 1低 2中 3高）	节间密度（个/50 cm）	块根表皮（1光滑 2粗糙）	块根缢痕（1无 2有）	主茎粗（cm）
62	MS000036	283.00	113.00	116.00	3	31	3	2	20.33	2	1	2.72

资源编号	资源名称	主茎外表皮颜色	主茎内表皮颜色	地上生物量（斤）	单株鲜薯重（斤）	薯肉颜色	氰苷含量（μg/g）	块根的β-胡萝卜素含量（μg/g）	淀粉含量（%）	耐采后腐烂等级	叶片净光合速率[μmol/(m²·s)]
		（1灰白色 2灰绿色 3灰黄色 4黄褐色 5中等褐色 6红褐色 7深褐色）									
62	MS000036	3	3	7.70	2.65	白	50.33	0.25	30.72	4	19.00

MS000041 木薯

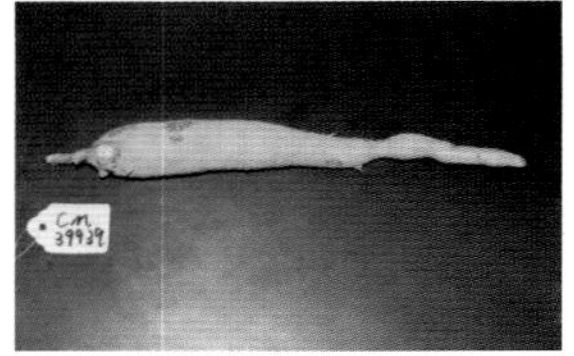

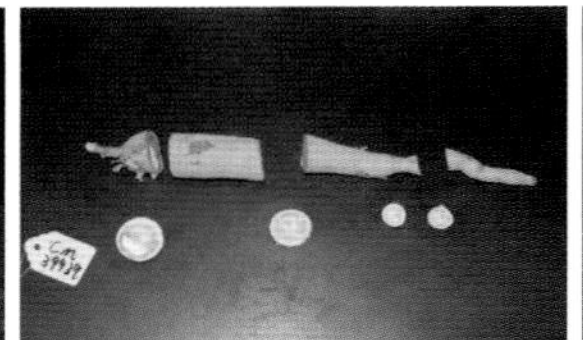
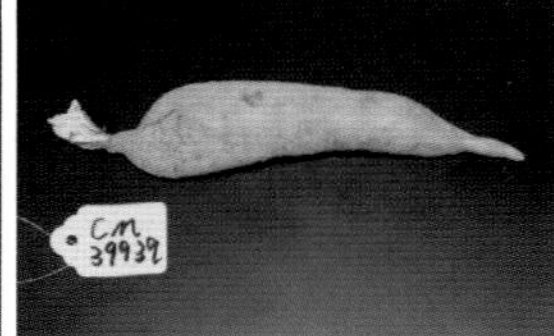

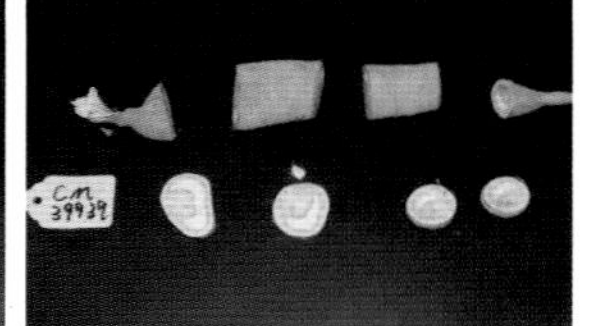

资源编号	资源名称	株高（cm）	主茎高（cm）	分枝长度（cm）	分枝数（个）	分枝角度（°）	株型（1 直立 2 紧凑 3 伞形）	株型（分杈 1 低 2 中 3 高）	节间密度（个 / 50 cm）	块根表皮（1 光滑 2 粗糙）	块根缢痕（1 无 2 有）	主茎粗（cm）
120	MS000041	299.00	98.20	197.80	3	52	3	1	17.73	2	1	2.72

资源编号	资源名称	主茎外表皮颜色	主茎内表皮颜色	地上生物量（斤）	单株鲜薯重（斤）	薯肉颜色	氰苷含量（μg/g）	块根的β-胡萝卜素含量（μg/g）	淀粉含量（%）	耐采后腐烂等级	叶片净光合速率[μmol/(m²·s)]
		（1 灰白色 2 灰绿色 3 灰黄色 4 黄褐色 5 中等褐色 6 红褐色 7 深褐色）									
120	MS000041	5	3	7.80	3.46	白	73.47	0.23	39.61	4	15.93

MS000056 木薯

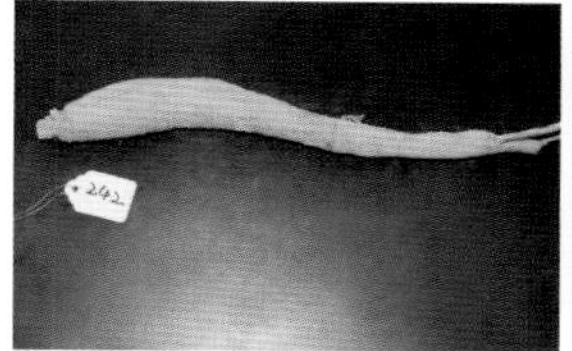
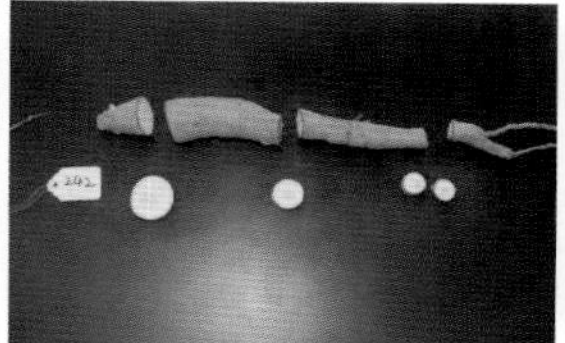
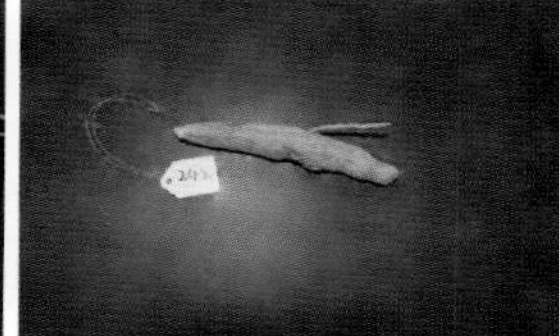
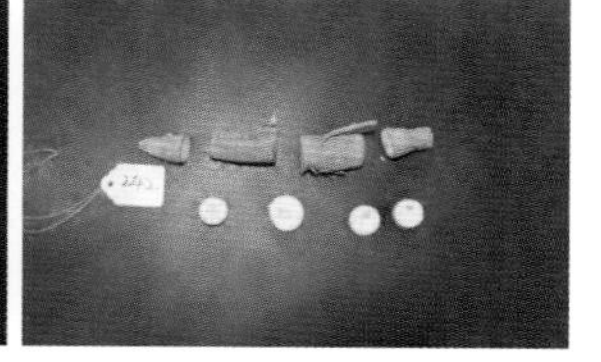

资源编号	资源名称	株高（cm）	主茎高（cm）	分枝长度（cm）	分枝数（个）	分枝角度（°）	株型（1 直立 2 紧凑 3 伞形）	株型（分杈 1 低 2 中 3 高）	节间密度（个 / 50 cm）	块根表皮（1 光滑 2 粗糙）	块根缢痕（1 无 2 有）	主茎粗（cm）
176	MS000056	237.67	63.00	97.33	3	43.30	3	1	14.15	2	2	2.80

资源编号	资源名称	主茎外表皮颜色	主茎内表皮颜色	地上生物量（斤）	单株鲜薯重（斤）	薯肉颜色	氰苷含量（μg/g）	块根的β-胡萝卜素含量（μg/g）	淀粉含量（%）	耐采后腐烂等级	叶片净光合速率[μmol/(m²·s)]
		（1 灰白色 2 灰绿色 3 灰黄色 4 黄褐色 5 中等褐色 6 红褐色 7 深褐色）									
176	MS000056	6	4	1.82	0.85	白	36.33	2.55	34.24	4	16.19

MS000079 木薯

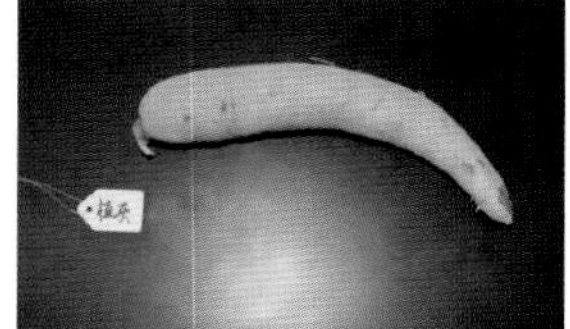
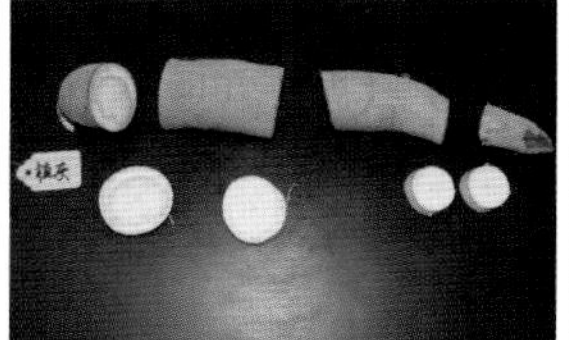
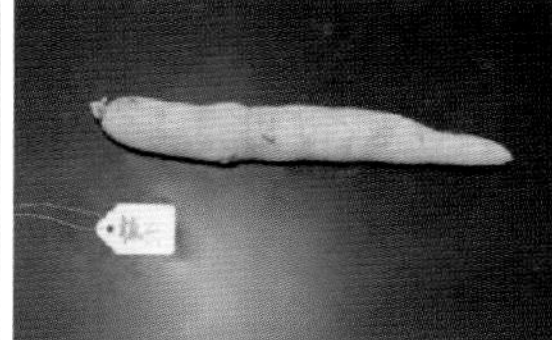
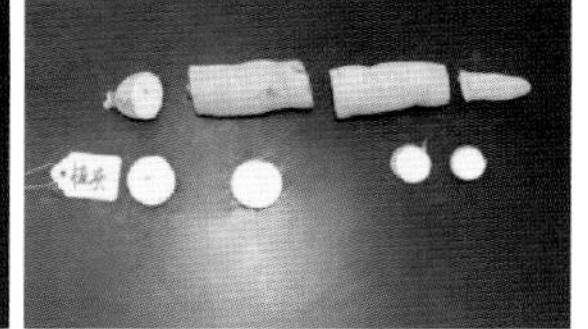

资源编号	资源名称	株高（cm）	主茎高（cm）	分枝长度（cm）	分枝数（个）	分枝角度（°）	株型（1 直立 2 紧凑 3 伞形）	株型（分杈 1 低 2 中 3 高）	节间密度（个 / 50 cm）	块根表皮（1 光滑 2 粗糙）	块根缢痕（1 无 2 有）	主茎粗（cm）
152	MS000079	202.20	71.20	104.60	5	52	3	1	16.45	1	2	2.62

资源编号	资源名称	主茎外表皮颜色	主茎内表皮颜色	地上生物量（斤）	单株鲜薯重（斤）	薯肉颜色	氰苷含量（μg/g）	块根的β-胡萝卜素含量（μg/g）	淀粉含量（%）	耐采后腐烂等级	叶片净光合速率[μmol/(m²·s)]
		（1 灰白色 2 灰绿色 3 灰黄色 4 黄褐色 5 中等褐色 6 红褐色 7 深褐色）									
152	MS000079	5	3	3.34	2.16	白	25.92	0.14	37.58	4	14.44

MS000083 木薯

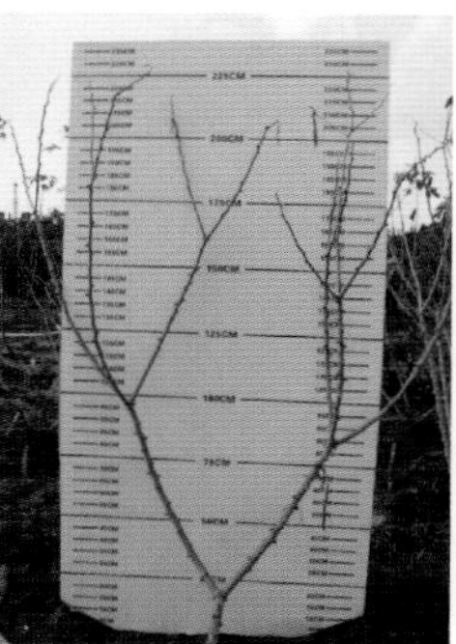

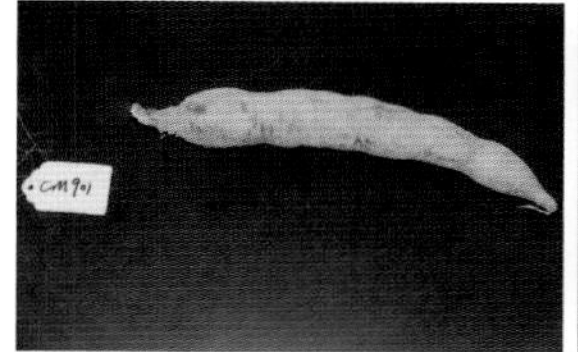
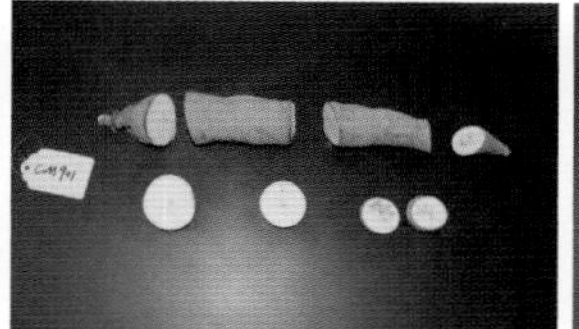
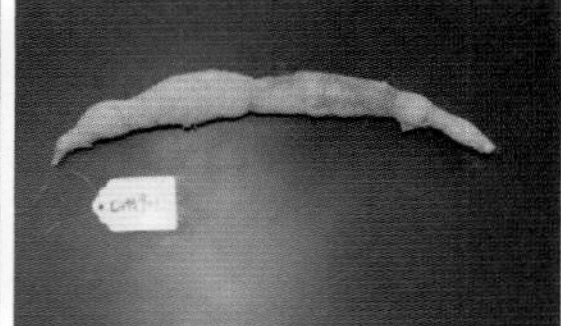

资源编号	资源名称	株高（cm）	主茎高（cm）	分枝长度（cm）	分枝数（个）	分枝角度（°）	株型（1 直立 2 紧凑 3 伞形）	株型（分杈 1 低 2 中 3 高）	节间密度（个 / 50 cm）	块根表皮（1 光滑 2 粗糙）	块根缢痕（1 无 2 有）	主茎粗（cm）
147	MS000083	240.00	63.40	68.00	4	34	3	1	20.16	2	1	2.74

资源编号	资源名称	主茎外表皮颜色	主茎内表皮颜色	地上生物量（斤）	单株鲜薯重（斤）	薯肉颜色	氰苷含量（μg/g）	块根的β-胡萝卜素含量（μg/g）	淀粉含量（%）	耐采后腐烂等级	叶片净光合速率[μmol/(m^2·s)]
		（1 灰白色 2 灰绿色 3 灰黄色 4 黄褐色 5 中等褐色 6 红褐色 7 深褐色）									
147	MS000083	5	2	4.28	1.80	白	72.95	0.24	37.18	3	14.12

MS000093 木薯

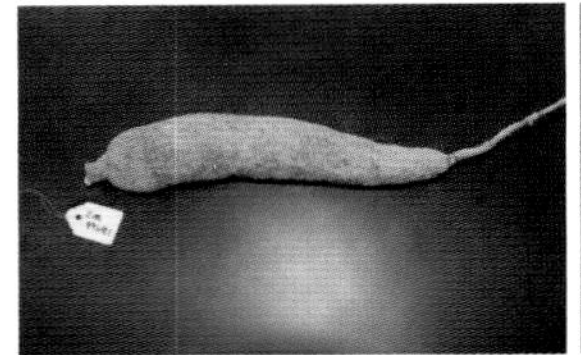
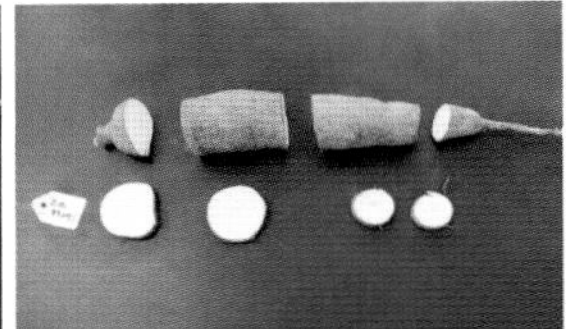
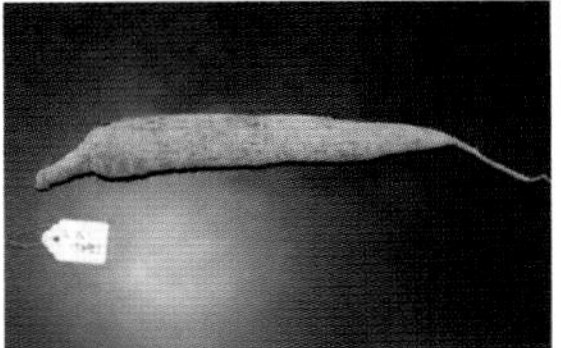
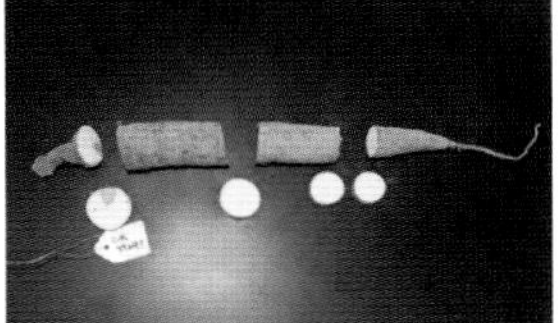

资源编号	资源名称	株高（cm）	主茎高（cm）	分枝长度（cm）	分枝数（个）	分枝角度（°）	株型（1 直立 2 紧凑 3 伞形）	株型（分杈 1 低 2 中 3 高）	节间密度（个 / 50 cm）	块根表皮（1 光滑 2 粗糙）	块根缢痕（1 无 2 有）	主茎粗（cm）
60	MS000093	274.25	270.00	10.00	2	31.30	2	1	20.66	2	2	2.34

资源编号	资源名称	主茎外表皮颜色	主茎内表皮颜色	地上生物量（斤）	单株鲜薯重（斤）	薯肉颜色	氰苷含量（μg/g）	块根的β-胡萝卜素含量（μg/g）	淀粉含量（%）	耐采后腐烂等级	叶片净光合速率[μmol/(m²·s)]
		（1 灰白色 2 灰绿色 3 灰黄色 4 黄褐色 5 中等褐色 6 红褐色 7 深褐色）									
60	MS000093	6	1	6.60	4.20	白	22.69	0.11	26.69	4	15.37

MS000098 木薯

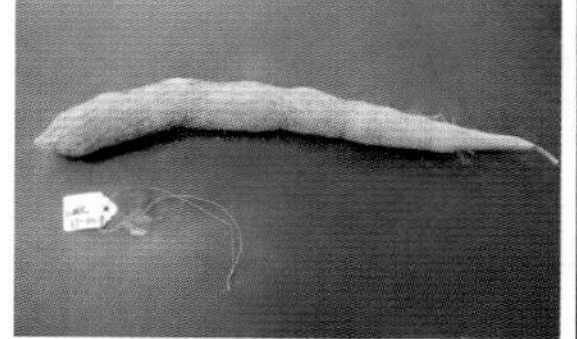
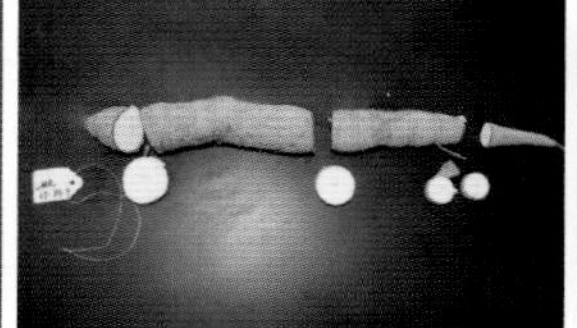
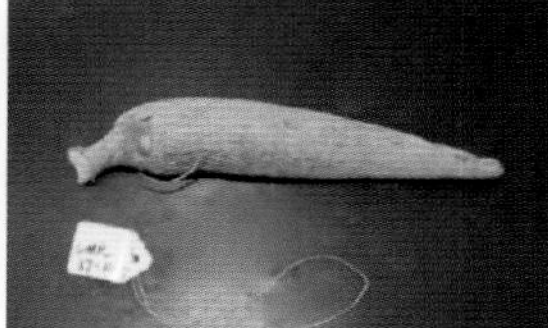
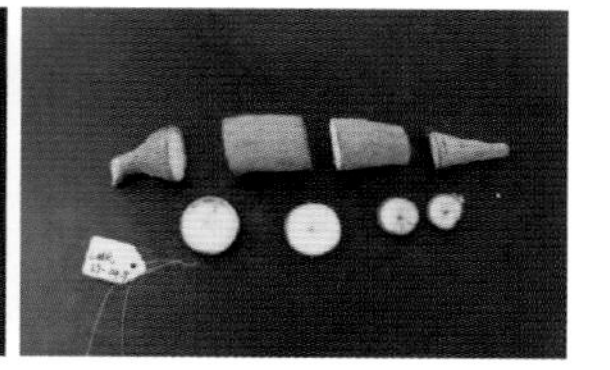

资源编号	资源名称	株高（cm）	主茎高（cm）	分枝长度（cm）	分枝数（个）	分枝角度（°）	株型（1 直立 2 紧凑 3 伞形）	株型（分杈 1 低 2 中 3 高）	节间密度（个 / 50 cm）	块根表皮（1 光滑 2 粗糙）	块根缢痕（1 无 2 有）	主茎粗（cm）
123	MS000098	278.40	265.00	21.67	0	91.0	1	3	17.24	2	2	2.56

资源编号	资源名称	主茎外表皮颜色	主茎内表皮颜色	地上生物量（斤）	单株鲜薯重（斤）	薯肉颜色	氰苷含量（μg/g）	块根的β-胡萝卜素含量（μg/g）	淀粉含量（%）	耐采后腐烂等级	叶片净光合速率[μmol/(m²·s)]
		（1 灰白色 2 灰绿色 3 灰黄色 4 黄褐色 5 中等褐色 6 红褐色 7 深褐色）									
123	MS000098	7	3	9.32	4.84	白	16.67	0.18	23.99	1	15.42

MS000103 木薯

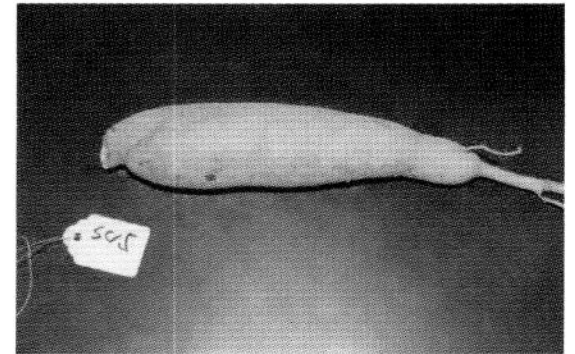
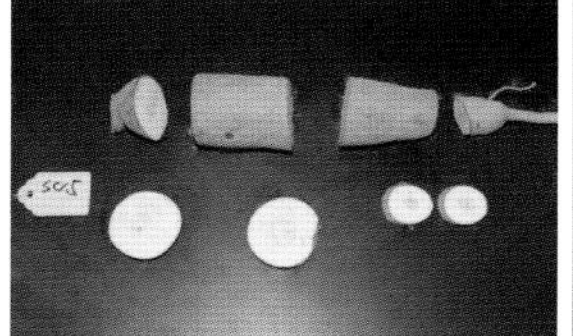
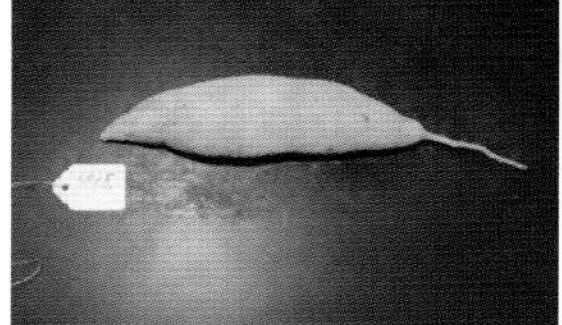
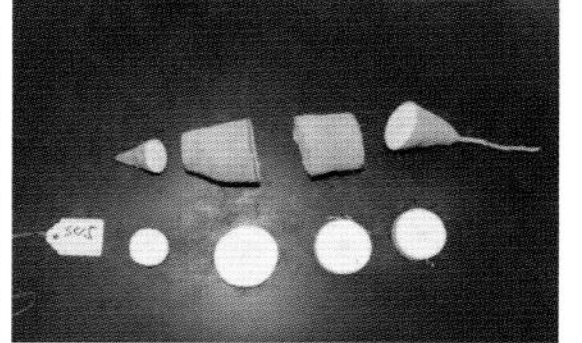

资源编号	资源名称	株高（cm）	主茎高（cm）	分枝长度（cm）	分枝数（个）	分枝角度（°）	株型（1 直立 2 紧凑 3 伞形）	株型（分杈 1 低 2 中 3 高）	节间密度（个/50 cm）	块根表皮（1 光滑 2 粗糙）	块根缢痕（1 无 2 有）	主茎粗（cm）
21	MS000103	199.50	47.80	81.25	3	36.30	3	1	14.93	1	2	2.45

资源编号	资源名称	主茎外表皮颜色	主茎内表皮颜色	地上生物量（斤）	单株鲜薯重（斤）	薯肉颜色	氰苷含量（μg/g）	块根的β-胡萝卜素含量（μg/g）	淀粉含量（%）	耐采后腐烂等级	叶片净光合速率[μmol/(m²·s)]
		（1 灰白色 2 灰绿色 3 灰黄色 4 黄褐色 5 中等褐色 6 红褐色 7 深褐色）									
21	MS000103	3	5	4.80	5.42	白	54.36	0.26	27.21	4	15.82

MS000105 木薯

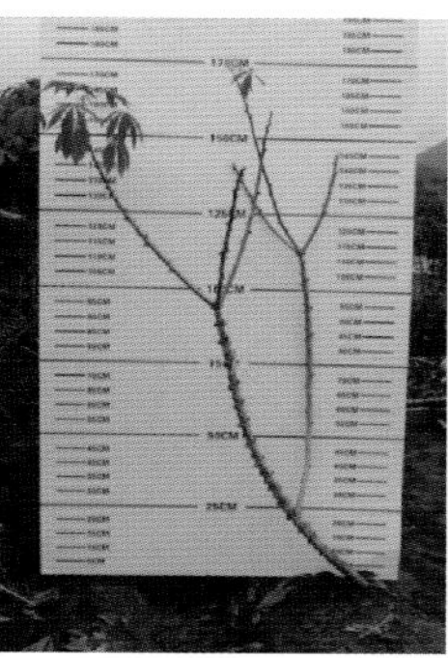

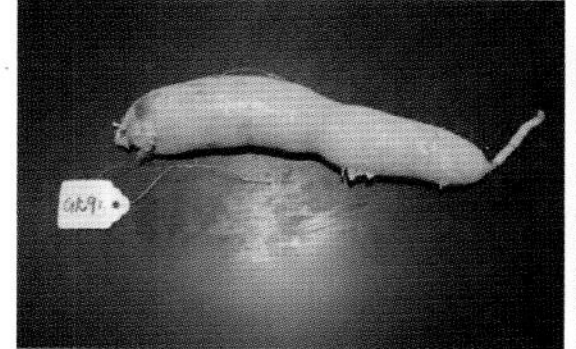
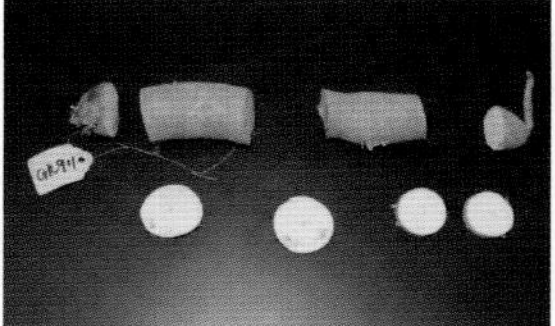
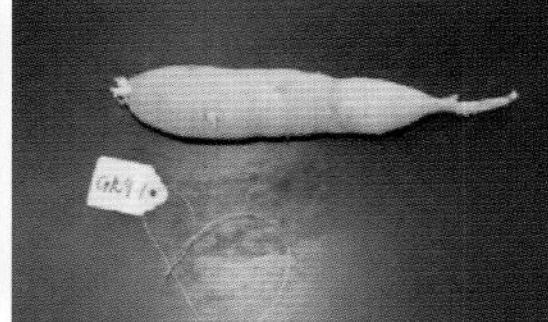
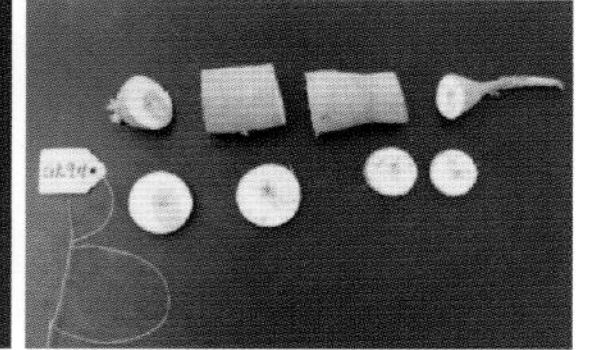

资源编号	资源名称	株高（cm）	主茎高（cm）	分枝长度（cm）	分枝数（个）	分枝角度（°）	株型（1 直立 2 紧凑 3 伞形）	株型（分杈 1 低 2 中 3 高）	节间密度（个 / 50 cm）	块根表皮（1 光滑 2 粗糙）	块根缢痕（1 无 2 有）	主茎粗（cm）
14	MS000105	173.00	122.33	66.33	3	50	3	2	11.11	1	1	2.53

资源编号	资源名称	主茎外表皮颜色	主茎内表皮颜色	地上生物量（斤）	单株鲜薯重（斤）	薯肉颜色	氰苷含量（μg/g）	块根的β-胡萝卜素含量（μg/g）	淀粉含量（%）	耐采后腐烂等级	叶片净光合速率[μmol/(m²·s)]
		（1 灰白色 2 灰绿色 3 灰黄色 4 黄褐色 5 中等褐色 6 红褐色 7 深褐色）									
14	MS000105	2	2	1.88	0.75	白	69.46	0.34	22.65	4	16.55

MS000109 木薯

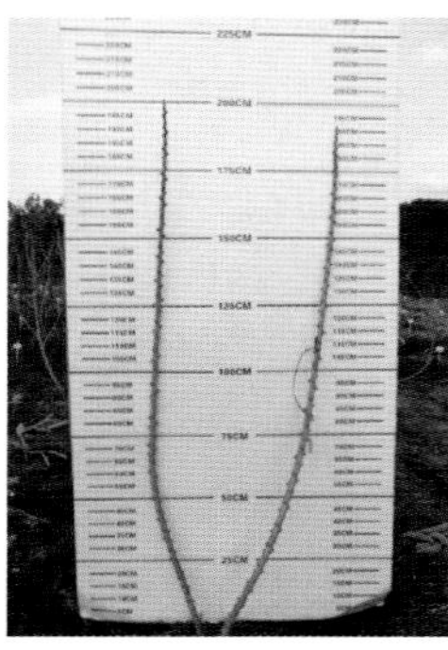

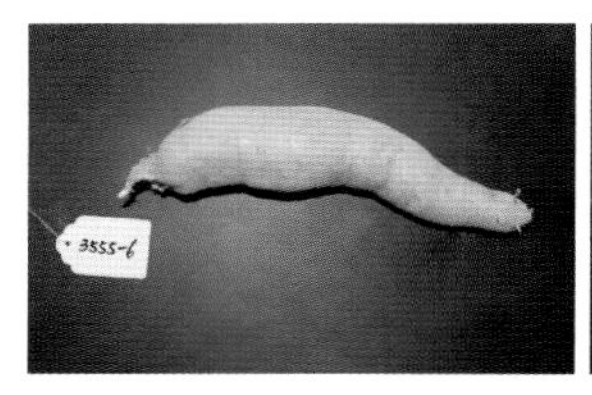
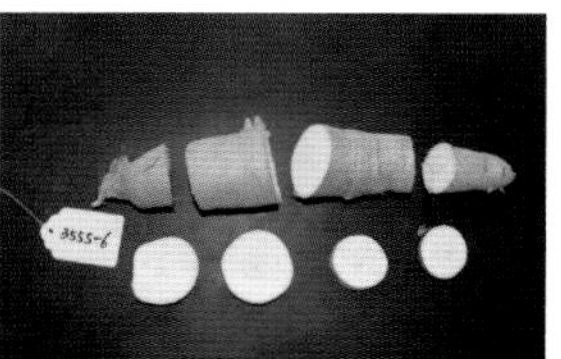

资源编号	资源名称	株高（cm）	主茎高（cm）	分枝长度（cm）	分枝数（个）	分枝角度（°）	株型（1 直立 2 紧凑 3 伞形）	株型（分杈 1 低 2 中 3 高）	节间密度（个 / 50 cm）	块根表皮（1 光滑 2 粗糙）	块根缢痕（1 无 2 有）	主茎粗（cm）
145	MS000109	209.50	150.00	29.00	3	50	3	1	12.5	1	1	1.78

资源编号	资源名称	主茎外表皮颜色	主茎内表皮颜色	地上生物量（斤）	单株鲜薯重（斤）	薯肉颜色	氰苷含量（μg/g）	块根的β-胡萝卜素含量（μg/g）	淀粉含量（%）	耐采后腐烂等级	叶片净光合速率[μmol/(m²·s)]
		（1 灰白色 2 灰绿色 3 灰黄色 4 黄褐色 5 中等褐色 6 红褐色 7 深褐色）									
145	MS000109	2	2.20	2.67	2.05	白	58.03	0.17	20.46	4	17.18

MS000117 木薯

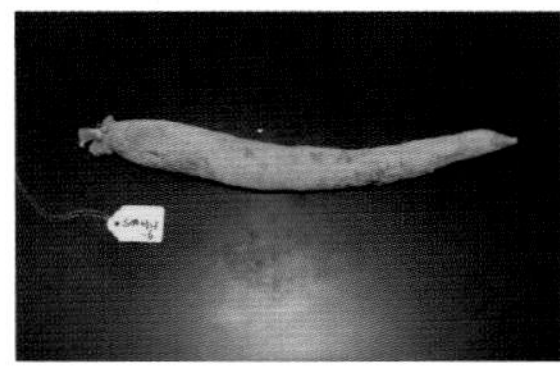
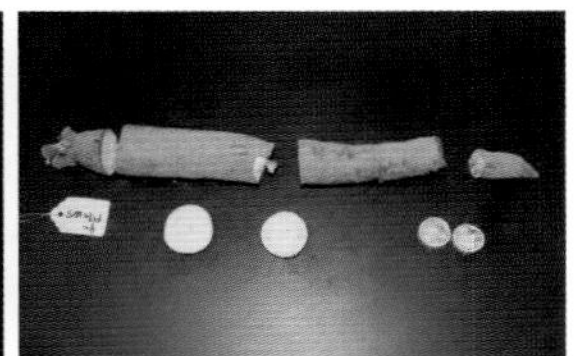

资源编号	资源名称	株高（cm）	主茎高（cm）	分枝长度（cm）	分枝数（个）	分枝角度（°）	株型（1 直立 2 紧凑 3 伞形）	株型（分杈 1 低 2 中 3 高）	节间密度（个 / 50 cm）	块根表皮（1 光滑 2 粗糙）	块根缢痕（1 无 2 有）	主茎粗（cm）
86	MS000117	268.80	229.00	54.00	2	89.8	2	1	28.09	2	1	2.44

资源编号	资源名称	主茎外表皮颜色	主茎内表皮颜色	地上生物量（斤）	单株鲜薯重（斤）	薯肉颜色	氰苷含量（μg/g）	块根的β-胡萝卜素含量（μg/g）	淀粉含量（%）	耐采后腐烂等级	叶片净光合速率[μmol/(m²·s)]
		（1 灰白色 2 灰绿色 3 灰黄色 4 黄褐色 5 中等褐色 6 红褐色 7 深褐色）									
86	MS000117	6	1	9.08	4.76	白	61.67	0.24	33.02	4	17.66

MS000121 木薯

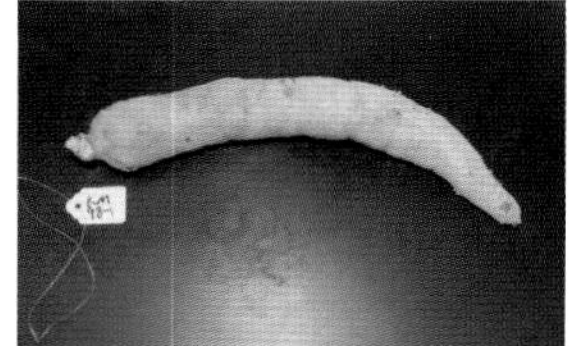
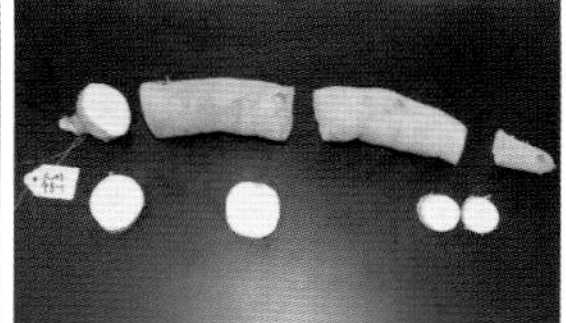
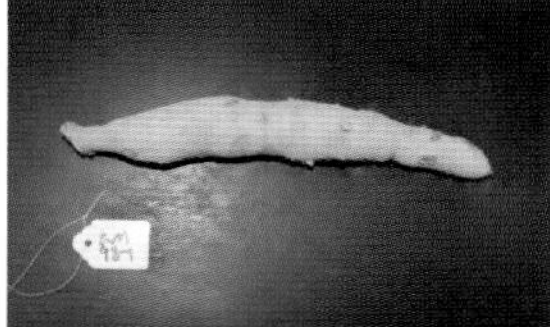
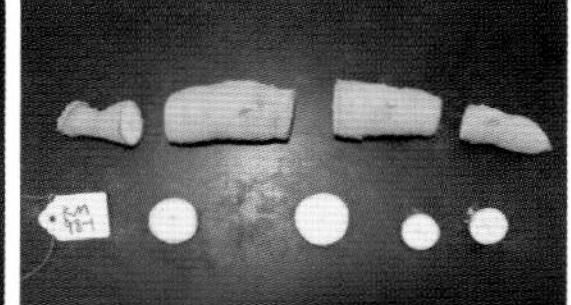

资源编号	资源名称	株高（cm）	主茎高（cm）	分枝长度（cm）	分枝数（个）	分枝角度（°）	株型（1 直立 2 紧凑 3 伞形）	株型（分杈 1 低 2 中 3 高）	节间密度（个 / 50 cm）	块根表皮（1 光滑 2 粗糙）	块根缢痕（1 无 2 有）	主茎粗（cm）
89	MS000121	266.00	192.00	99.00	1	27.50	2	3	14.81	1	1	2.70

资源编号	资源名称	主茎外表皮颜色	主茎内表皮颜色	地上生物量（斤）	单株鲜薯重（斤）	薯肉颜色	氰苷含量（μg/g）	块根的β-胡萝卜素含量（μg/g）	淀粉含量（%）	耐采后腐烂等级	叶片净光合速率[μmol/(m^2·s)]
		（1 灰白色 2 灰绿色 3 灰黄色 4 黄褐色 5 中等褐色 6 红褐色 7 深褐色）									
89	MS000121	2	3	2.50	2.84	白	171.61	0.25	25.32	4	16.56

MS000122 木薯

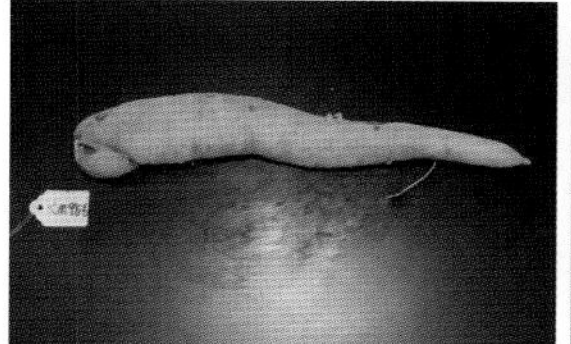
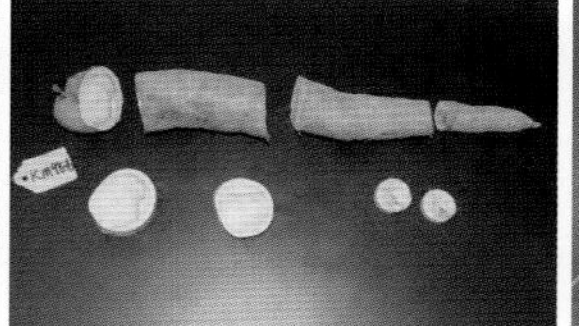
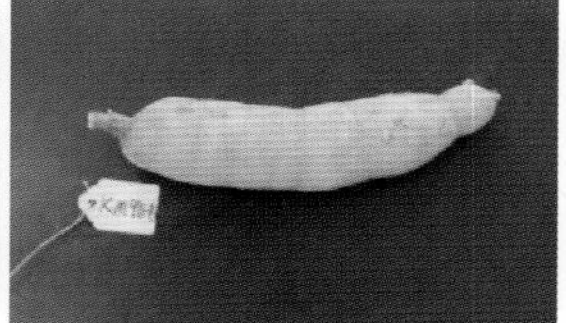
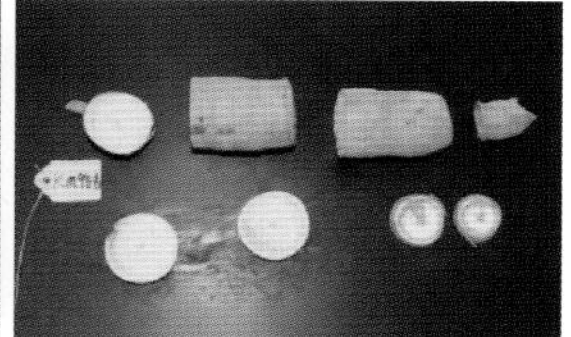

资源编号	资源名称	株高（cm）	主茎高（cm）	分枝长度（cm）	分枝数（个）	分枝角度（°）	株型（1 直立 2 紧凑 3 伞形）	株型（分杈 1 低 2 中 3 高）	节间密度（个 / 50 cm）	块根表皮（1 光滑 2 粗糙）	块根缢痕（1 无 2 有）	主茎粗（cm）
92	MS000122	327.50	159.00	120.00	3	70	3	2	21.74	1	1	2.90

资源编号	资源名称	主茎外表皮颜色	主茎内表皮颜色	地上生物量（斤）	单株鲜薯重（斤）	薯肉颜色	氰苷含量（μg/g）	块根的β-胡萝卜素含量（μg/g）	淀粉含量（%）	耐采后腐烂等级	叶片净光合速率[μmol/(m²·s)]
		（1 灰白色 2 灰绿色 3 灰黄色 4 黄褐色 5 中等褐色 6 红褐色 7 深褐色）									
92	MS000122	5	3	8.60	4.55	白	65.99	0.50	31.71	4	17.33

MS000123 木薯

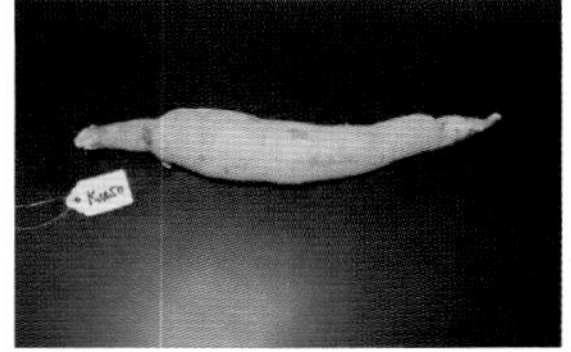
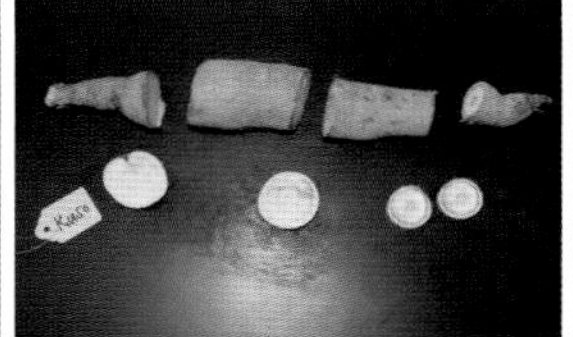
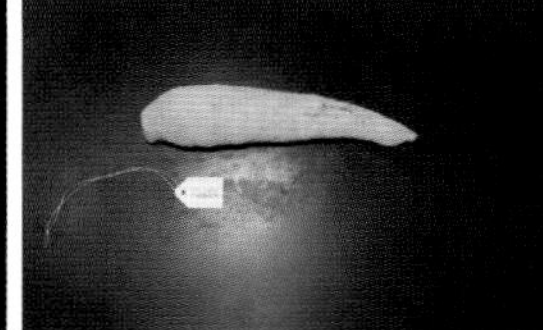
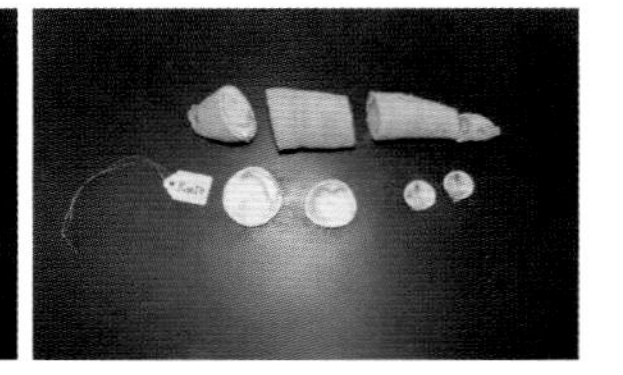

资源编号	资源名称	株高（cm）	主茎高（cm）	分枝长度（cm）	分枝数（个）	分枝角度（°）	株型（1 直立 2 紧凑 3 伞形）	株型（分杈 1 低 2 中 3 高）	节间密度（个/50 cm）	块根表皮（1 光滑 2 粗糙）	块根缢痕（1 无 2 有）	主茎粗（cm）
183	MS000123	262.50	188.00	85.33	3	43.30	2	3	17.24	1	2	2.13

资源编号	资源名称	主茎外表皮颜色	主茎内表皮颜色	地上生物量（斤）	单株鲜薯重（斤）	薯肉颜色	氰苷含量（μg/g）	块根的β-胡萝卜素含量（μg/g）	淀粉含量（%）	耐采后腐烂等级	叶片净光合速率[μmol/(m²·s)]
		（1 灰白色 2 灰绿色 3 灰黄色 4 黄褐色 5 中等褐色 6 红褐色 7 深褐色）									
183	MS000123	5	3	3.98	2.04	白	467.45	0.19	35.18	4	18.02

MS000124 木薯

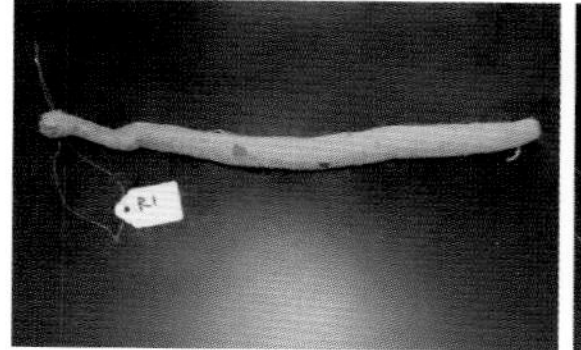
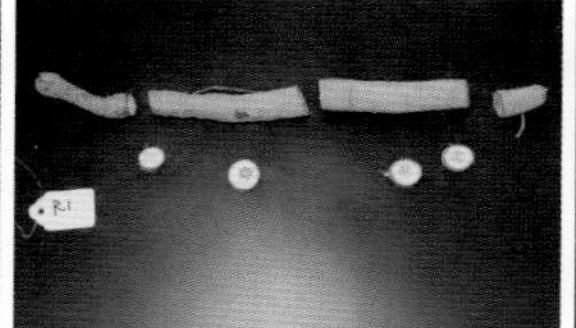
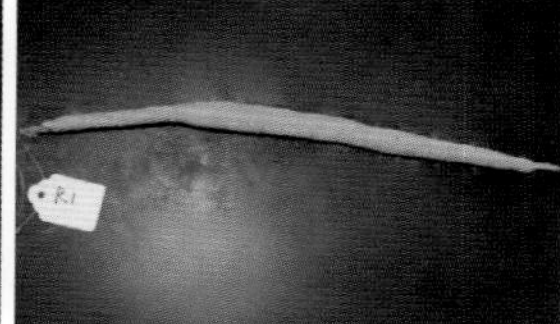
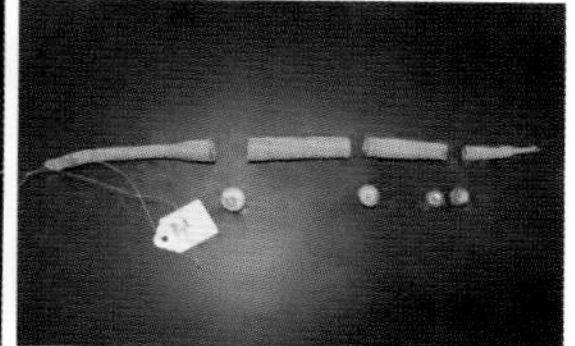

资源编号	资源名称	株高（cm）	主茎高（cm）	分枝长度（cm）	分枝数（个）	分枝角度（°）	株型（1 直立 2 紧凑 3 伞形）	株型（分杈 1 低 2 中 3 高）	节间密度（个 / 50 cm）	块根表皮（1 光滑 2 粗糙）	块根缢痕（1 无 2 有）	主茎粗（cm）
29	MS000124	190.00	78.00	85.00	3	30	3	1	16.67	1	1	3.24

资源编号	资源名称	主茎外表皮颜色	主茎内表皮颜色	地上生物量（斤）	单株鲜薯重（斤）	薯肉颜色	氰苷含量（μg/g）	块根的β-胡萝卜素含量（μg/g）	淀粉含量（%）	耐采后腐烂等级	叶片净光合速率[μmol/(m²·s)]
		（1 灰白色 2 灰绿色 3 灰黄色 4 黄褐色 5 中等褐色 6 红褐色 7 深褐色）									
29	MS000124	1	3	8.40	6.96	浅黄	43.97	2.01	32.08	4	16.33

MS000126 木薯

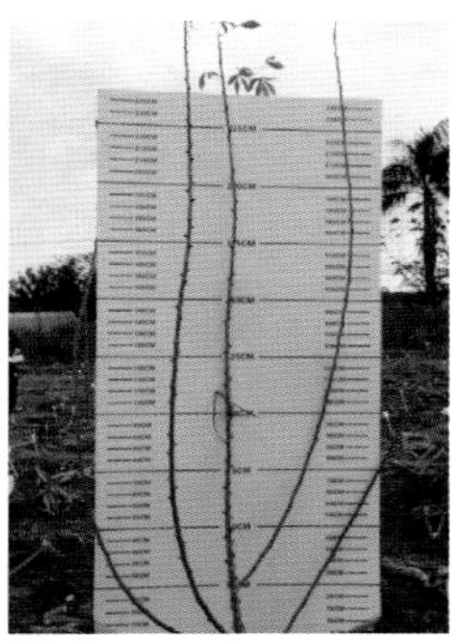

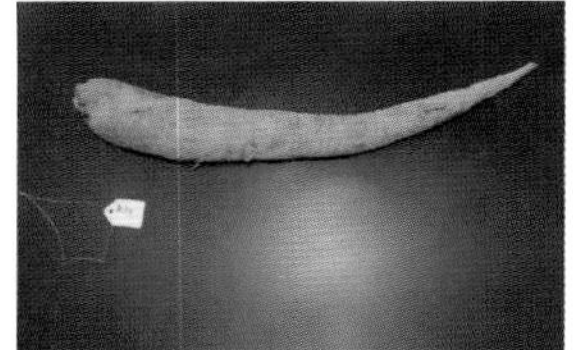
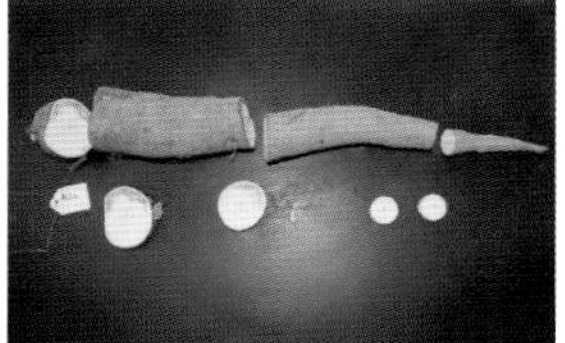
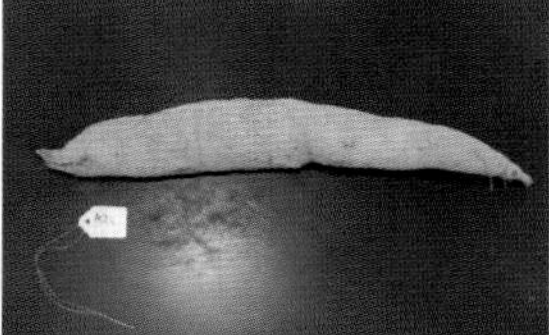
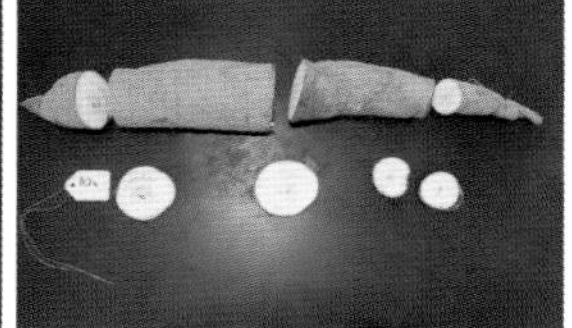

资源编号	资源名称	株高（cm）	主茎高（cm）	分枝长度（cm）	分枝数（个）	分枝角度（°）	株型（1 直立 2 紧凑 3 伞形）	株型（分杈 1 低 2 中 3 高）	节间密度（个/50 cm）	块根表皮（1 光滑 2 粗糙）	块根缢痕（1 无 2 有）	主茎粗（cm）
33	MS000126	249.20	32.50	216.00	5	40	3	1	15.43	2	2	3.54

资源编号	资源名称	主茎外表皮颜色	主茎内表皮颜色	地上生物量（斤）	单株鲜薯重（斤）	薯肉颜色	氰苷含量（μg/g）	块根的β-胡萝卜素含量（μg/g）	淀粉含量（%）	耐采后腐烂等级	叶片净光合速率[μmol/(m²·s)]
		（1 灰白色 2 灰绿色 3 灰黄色 4 黄褐色 5 中等褐色 6 红褐色 7 深褐色）									
33	MS000126	7	3	9.30	4.18	白	34.96	0.15	24.80	4	17.89

MS000127 木薯

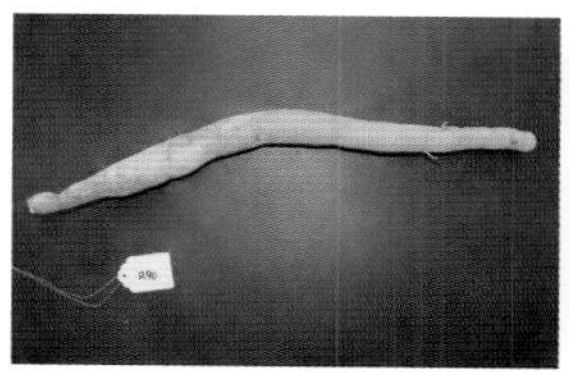
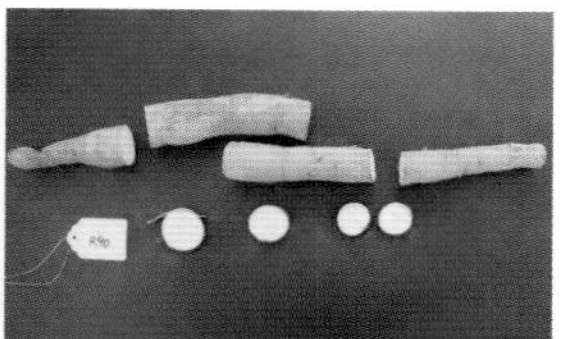

资源编号	资源名称	株高（cm）	主茎高（cm）	分枝长度（cm）	分枝数（个）	分枝角度（°）	株型（1 直立 2 紧凑 3 伞形）	株型（分杈 1 低 2 中 3 高）	节间密度（个 / 50 cm）	块根表皮（1 光滑 2 粗糙）	块根缢痕（1 无 2 有）	主茎粗（cm）
40	MS000127	286.20	116.00	127.80	4	51	3	2	15.43	2	2	2.70

资源编号	资源名称	主茎外表皮颜色	主茎内表皮颜色	地上生物量（斤）	单株鲜薯重（斤）	薯肉颜色	氰苷含量（μg/g）	块根的β-胡萝卜素含量（μg/g）	淀粉含量（%）	耐采后腐烂等级	叶片净光合速率[μmol/(m²·s)]
		（1 灰白色 2 灰绿色 3 灰黄色 4 黄褐色 5 中等褐色 6 红褐色 7 深褐色）									
40	MS000127	3	1	5.80	2.79	白	203.42	0.31	30.47	3.50	17.35

MS000128 木薯

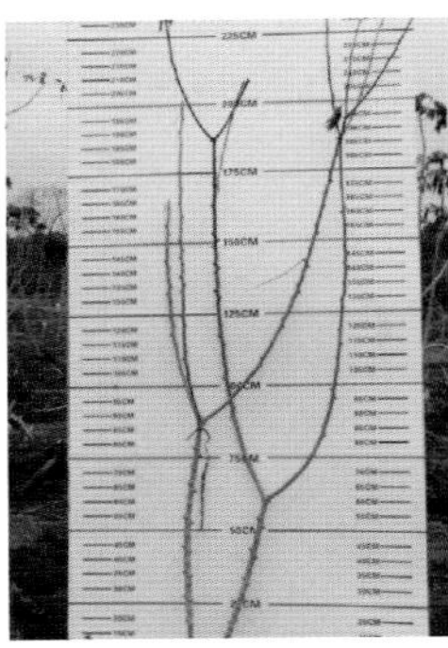

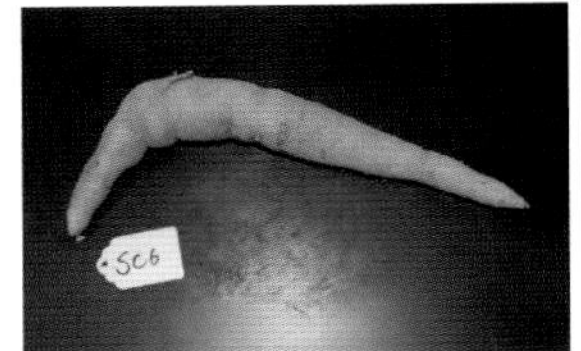

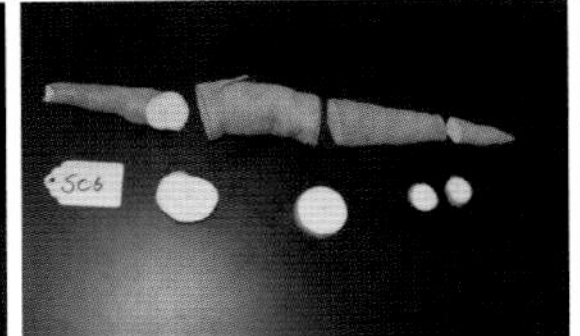

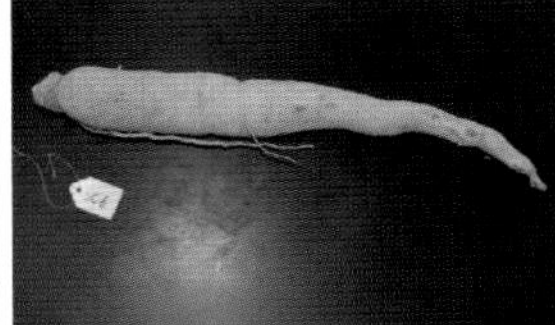

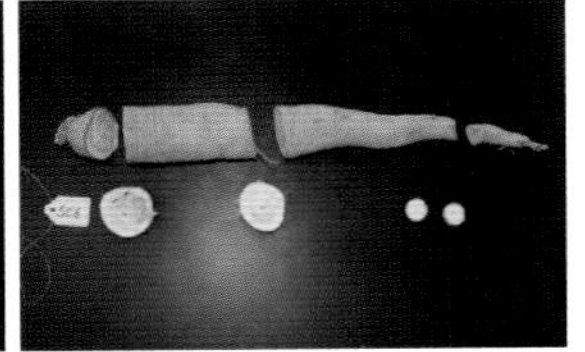

资源编号	资源名称	株高（cm）	主茎高（cm）	分枝长度（cm）	分枝数（个）	分枝角度（°）	株型（1 直立 2 紧凑 3 伞形）	株型（分杈 1 低 2 中 3 高）	节间密度（个 / 50 cm）	块根表皮（1 光滑 2 粗糙）	块根缢痕（1 无 2 有）	主茎粗（cm）
105	MS000128	266.00	70.00	111.60	3	34	3	2	12.69	1	1	2.54

资源编号	资源名称	主茎外表皮颜色	主茎内表皮颜色	地上生物量（斤）	单株鲜薯重（斤）	薯肉颜色	氰苷含量（μg/g）	块根的β-胡萝卜素含量（μg/g）	淀粉含量（%）	耐采后腐烂等级	叶片净光合速率[μmol/(m²·s)]
		（1 灰白色 2 灰绿色 3 灰黄色 4 黄褐色 5 中等褐色 6 红褐色 7 深褐色）									
105	MS000128	2	3	4.22	4.44	白	80.34	0.08	41.70	4	15.00

MS000129 木薯

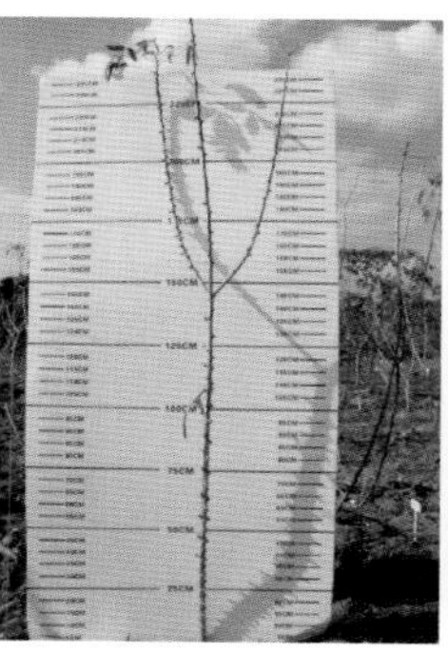

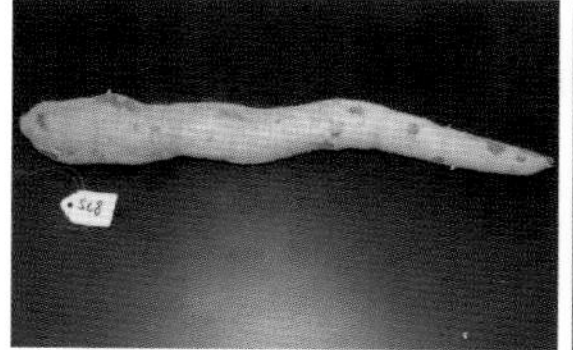
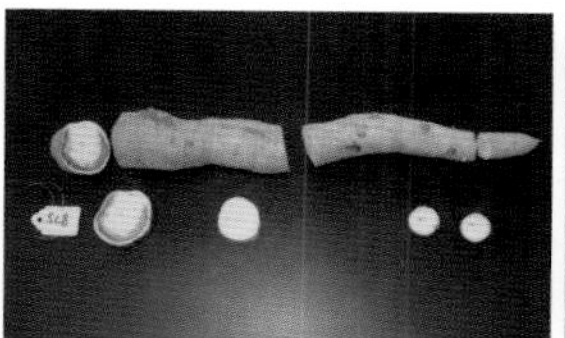
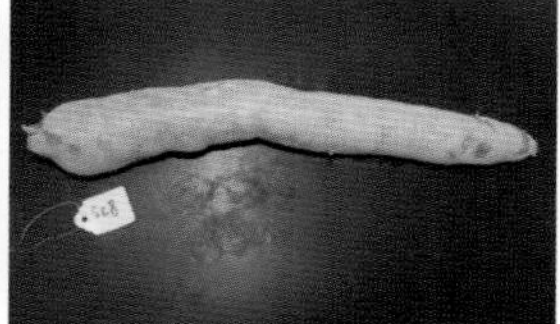
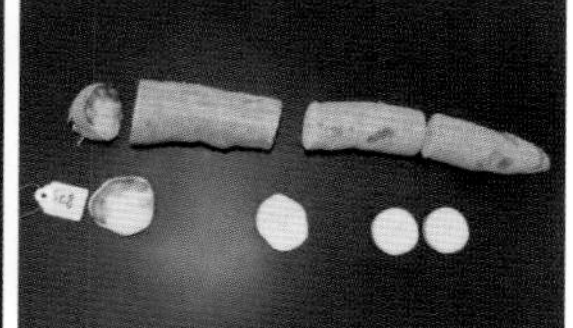

资源编号	资源名称	株高（cm）	主茎高（cm）	分枝长度（cm）	分枝数（个）	分枝角度（°）	株型（1 直立 2 紧凑 3 伞形）	株型（分杈 1 低 2 中 3 高）	节间密度（个 / 50 cm）	块根表皮（1 光滑 2 粗糙）	块根缢痕（1 无 2 有）	主茎粗（cm）
25	MS000129	213.40	138.00	69.00	3	76.6	3	3	16.67	1	2	2.07

资源编号	资源名称	主茎外表皮颜色	主茎内表皮颜色	地上生物量（斤）	单株鲜薯重（斤）	薯肉颜色	氰苷含量（μg/g）	块根的β-胡萝卜素含量（μg/g）	淀粉含量（%）	耐采后腐烂等级	叶片净光合速率[μmol/(m²·s)]
		（1 灰白色 2 灰绿色 3 灰黄色 4 黄褐色 5 中等褐色 6 红褐色 7 深褐色）									
25	MS000129	1	3	2.14	3.16	白	182.39	0.14	28.34	4	16.53

MS000132 木薯

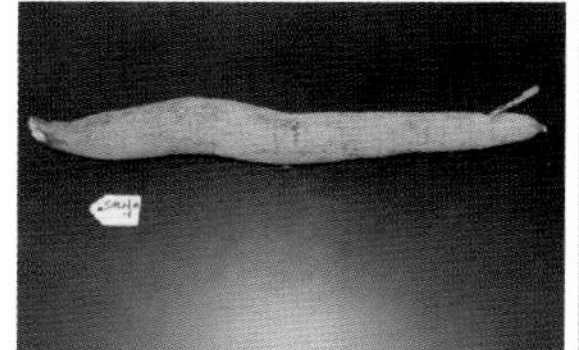
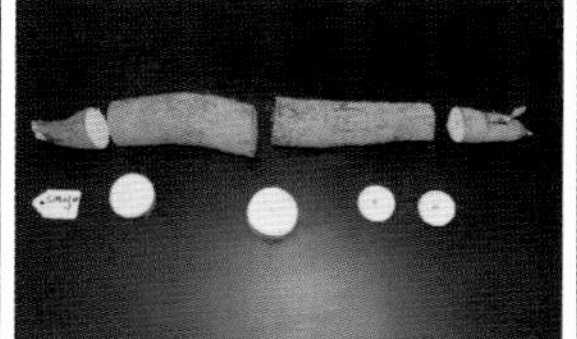
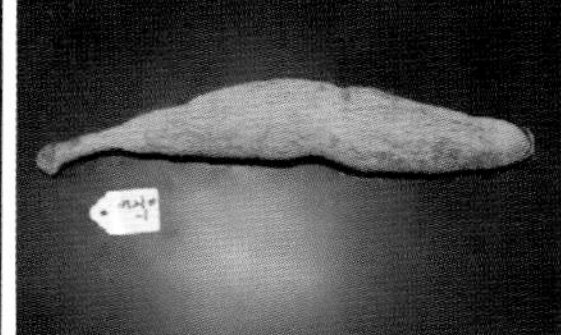
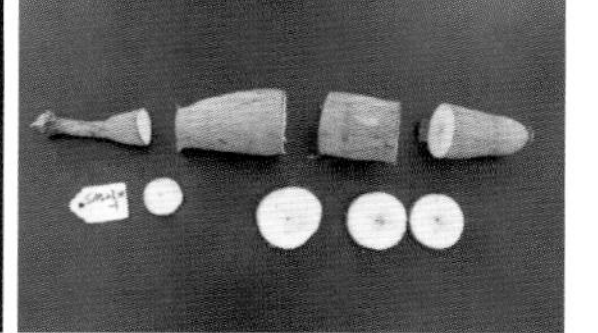

资源编号	资源名称	株高（cm）	主茎高（cm）	分枝长度（cm）	分枝数（个）	分枝角度（°）	株型（1 直立 2 紧凑 3 伞形）	株型（分杈 1 低 2 中 3 高）	节间密度（个 / 50 cm）	块根表皮（1 光滑 2 粗糙）	块根缢痕（1 无 2 有）	主茎粗（cm）
54	MS000132	359.20	331.00	35.25	4	50	2	3	16.56	2	2	2.80

资源编号	资源名称	主茎外表皮颜色	主茎内表皮颜色	地上生物量（斤）	单株鲜薯重（斤）	薯肉颜色	氰苷含量（μg/g）	块根的β-胡萝卜素含量（μg/g）	淀粉含量（%）	耐采后腐烂等级	叶片净光合速率[μmol/(m²·s)]
		（1 灰白色 2 灰绿色 3 灰黄色 4 黄褐色 5 中等褐色 6 红褐色 7 深褐色）									
54	MS000132	6	1	5.80	3.73	白	46.66	0.14	31.51	4	17.87

MS000133 木薯

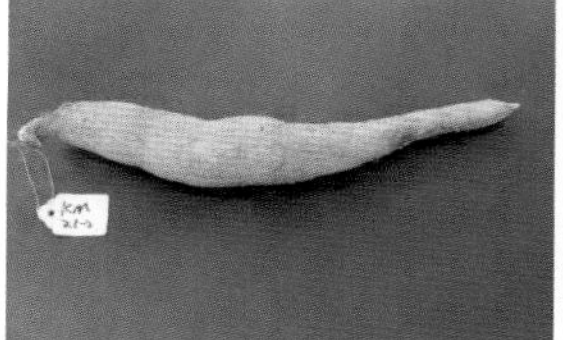
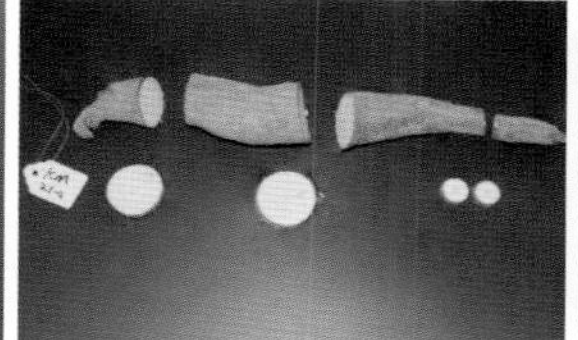
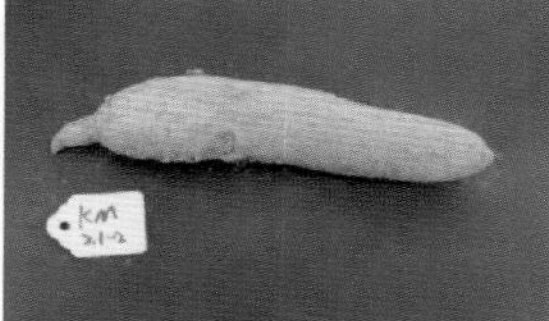
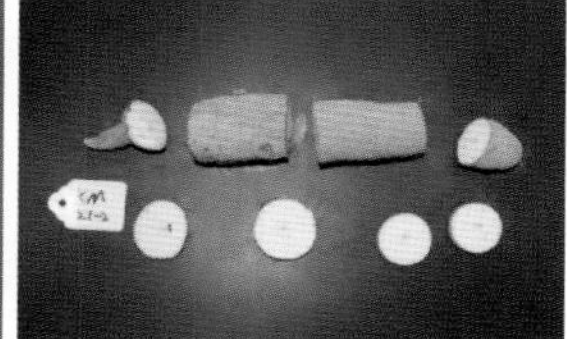

资源编号	资源名称	株高（cm）	主茎高（cm）	分枝长度（cm）	分枝数（个）	分枝角度（°）	株型（1 直立 2 紧凑 3 伞形）	株型（分杈 1 低 2 中 3 高）	节间密度（个/50 cm）	块根表皮（1 光滑 2 粗糙）	块根缢痕（1 无 2 有）	主茎粗（cm）
64	MS000133	236.75	160.00	64.25	2	43.80	3	3	17.54	2	1	2.58

资源编号	资源名称	主茎外表皮颜色	主茎内表皮颜色	地上生物量（斤）	单株鲜薯重（斤）	薯肉颜色	氰苷含量（μg/g）	块根的β-胡萝卜素含量（μg/g）	淀粉含量（%）	耐采后腐烂等级	叶片净光合速率[μmol/(m²·s)]
		（1 灰白色 2 灰绿色 3 灰黄色 4 黄褐色 5 中等褐色 6 红褐色 7 深褐色）									
64	MS000133	4	1	8.50	5.175	浅黄	124.39	2.63	29.29	4	16.03

MS000134 木薯

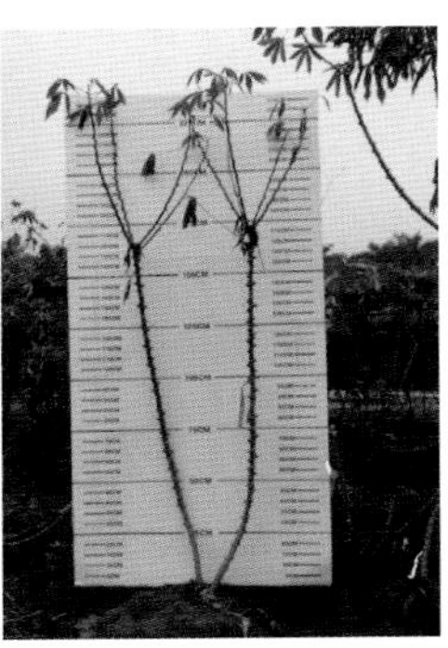

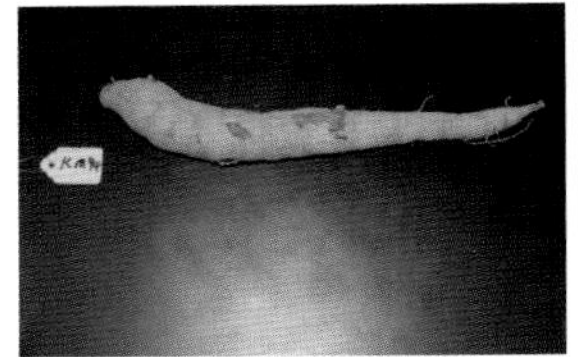
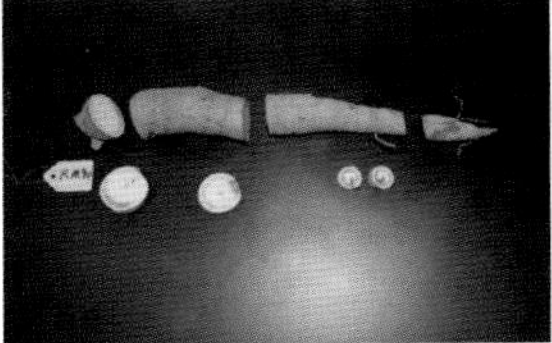
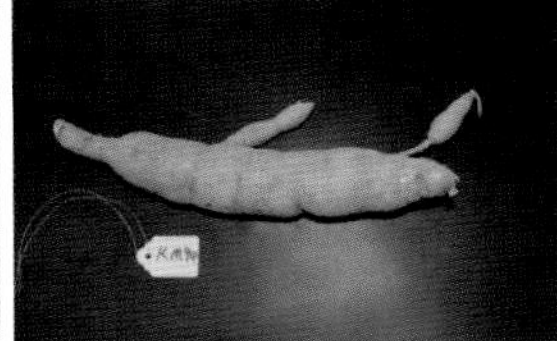
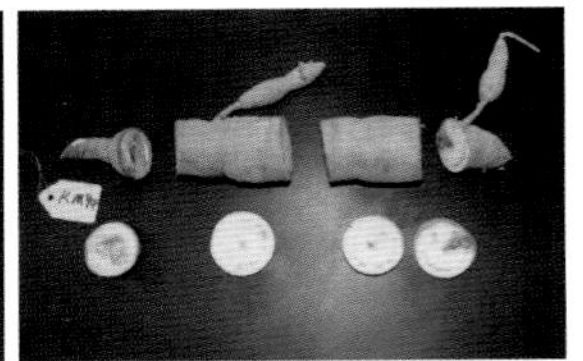

资源编号	资源名称	株高（cm）	主茎高（cm）	分枝长度（cm）	分枝数（个）	分枝角度（°）	株型（1 直立 2 紧凑 3 伞形）	株型（分杈 1 低 2 中 3 高）	节间密度（个 / 50 cm）	块根表皮（1 光滑 2 粗糙）	块根缢痕（1 无 2 有）	主茎粗（cm）
72	MS000134	216.00	56.00	115.00	3	35	3	1	15.63	2	2	2.70

资源编号	资源名称	主茎外表皮颜色	主茎内表皮颜色	地上生物量（斤）	单株鲜薯重（斤）	薯肉颜色	氰苷含量（μg/g）	块根的β-胡萝卜素含量（μg/g）	淀粉含量（%）	耐采后腐烂等级	叶片净光合速率[μmol/(m²·s)]
		（1 灰白色 2 灰绿色 3 灰黄色 4 黄褐色 5 中等褐色 6 红褐色 7 深褐色）									
72	MS000134	4	1	5.36	3.20	白	29.10	2.44	38.67	4	18.68

MS000135 木薯

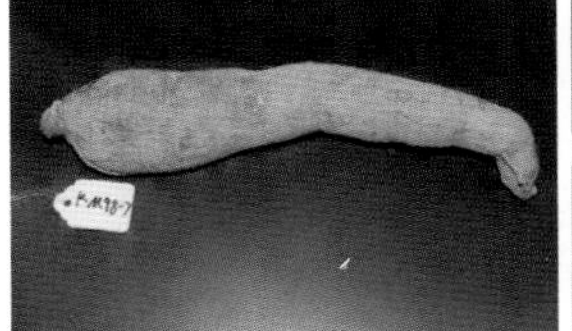
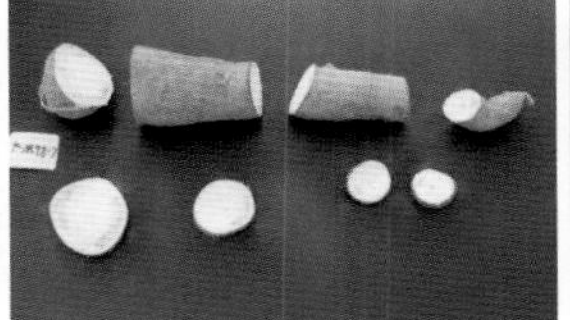

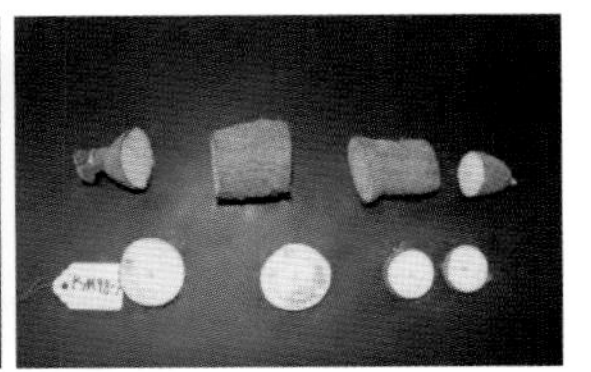

资源编号	资源名称	株高（cm）	主茎高（cm）	分枝长度（cm）	分枝数（个）	分枝角度（°）	株型（1 直立 2 紧凑 3 伞形）	株型（分杈 1 低 2 中 3 高）	节间密度（个 / 50 cm）	块根表皮（1 光滑 2 粗糙）	块根缢痕（1 无 2 有）	主茎粗（cm）
81	MS000135	257.75	199.00	237.00	2	50	2	1	15.92	2	1	2.38

资源编号	资源名称	主茎外表皮颜色	主茎内表皮颜色	地上生物量（斤）	单株鲜薯重（斤）	薯肉颜色	氰苷含量（μg/g）	块根的β-胡萝卜素含量（μg/g）	淀粉含量（%）	耐采后腐烂等级	叶片净光合速率[μmol/(m²·s)]
		（1 灰白色 2 灰绿色 3 灰黄色 4 黄褐色 5 中等褐色 6 红褐色 7 深褐色）									
81	MS000135	4	2	8.30	6.01	白	9.39	0.25	27.93	4	14.13

MS000136 木薯

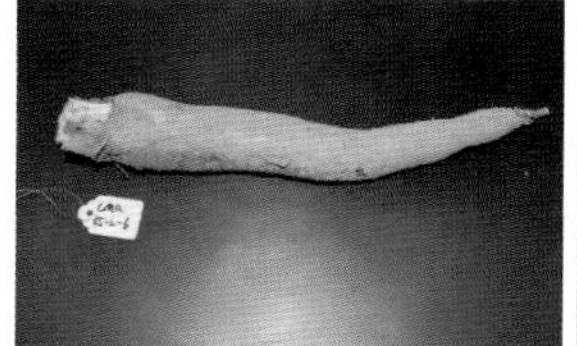
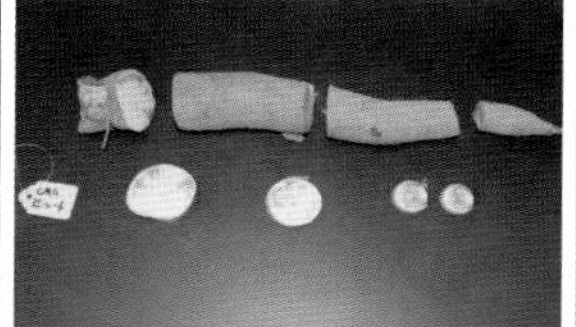
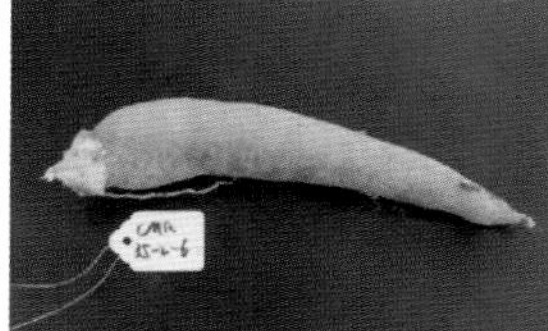

资源编号	资源名称	株高（cm）	主茎高（cm）	分枝长度（cm）	分枝数（个）	分枝角度（°）	株型（1 直立 2 紧凑 3 伞形）	株型（分杈 1 低 2 中 3 高）	节间密度（个 / 50 cm）	块根表皮（1 光滑 2 粗糙）	块根缢痕（1 无 2 有）	主茎粗（cm）
146	MS000136	208.00	77.00	80.75	3	84.3	2	3	18.12	2	2	2.80

资源编号	资源名称	主茎外表皮颜色	主茎内表皮颜色	地上生物量（斤）	单株鲜薯重（斤）	薯肉颜色	氰苷含量（μg/g）	块根的β-胡萝卜素含量（μg/g）	淀粉含量（%）	耐采后腐烂等级	叶片净光合速率[μmol/(m²·s)]
		（1 灰白色 2 灰绿色 3 灰黄色 4 黄褐色 5 中等褐色 6 红褐色 7 深褐色）									
146	MS000136	2	1.20	3.60	3.20	白	12.25	0.22	28.45	4	16.46

MS000150 木薯

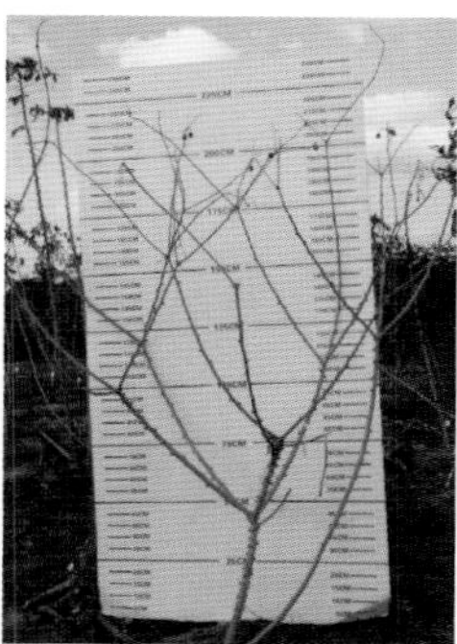

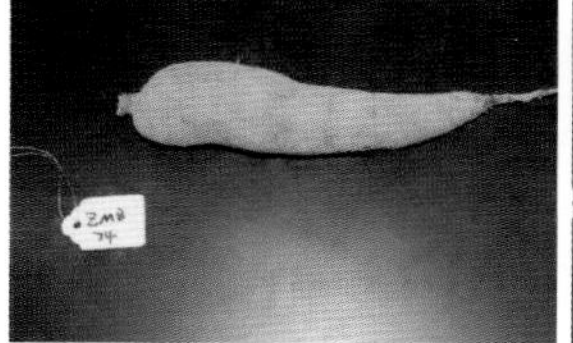
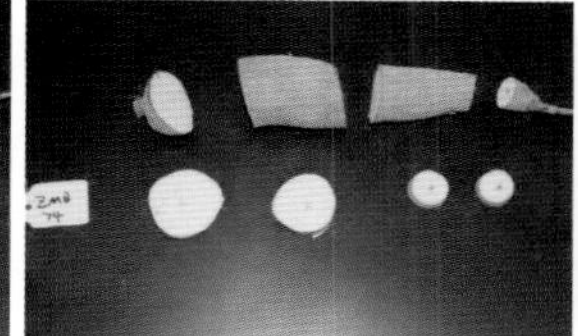
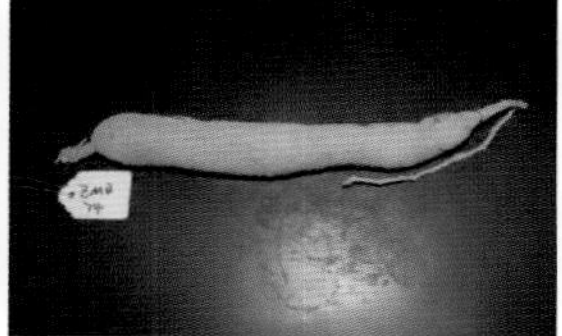
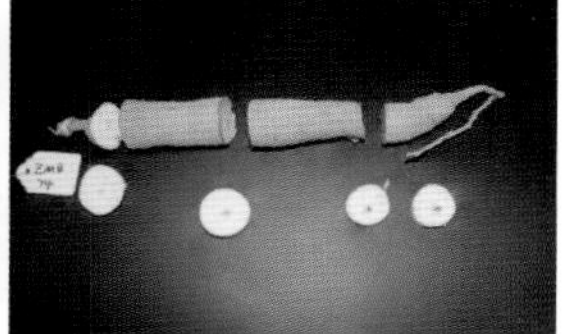

资源编号	资源名称	株高（cm）	主茎高（cm）	分枝长度（cm）	分枝数（个）	分枝角度（°）	株型（1 直立 2 紧凑 3 伞形）	株型（分杈 1 低 2 中 3 高）	节间密度（个 / 50 cm）	块根表皮（1 光滑 2 粗糙）	块根缢痕（1 无 2 有）	主茎粗（cm）
19	MS000150	224.67	59.70	66.33	4	51.70	3	2	13.51	2	2	3.47

资源编号	资源名称	主茎外表皮颜色	主茎内表皮颜色	地上生物量（斤）	单株鲜薯重（斤）	薯肉颜色	氰苷含量（μg/g）	块根的β-胡萝卜素含量（μg/g）	淀粉含量（%）	耐采后腐烂等级	叶片净光合速率[μmol/(m^2·s)]
		（1 灰白色 2 灰绿色 3 灰黄色 4 黄褐色 5 中等褐色 6 红褐色 7 深褐色）									
19	MS000150	3	1	10	9.11	白	16.21	0.34	32.34	3.50	15.27

MS000156 木薯

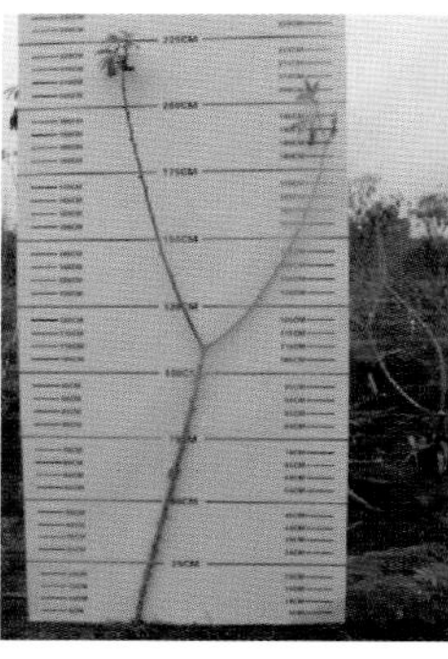

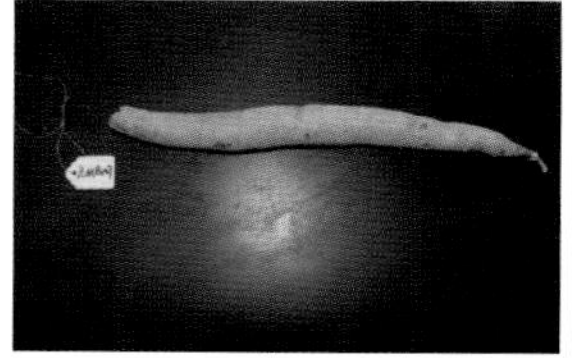
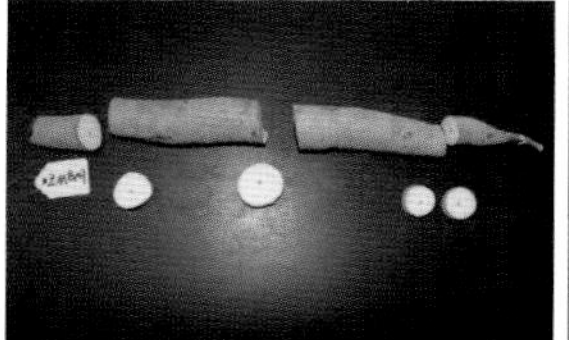
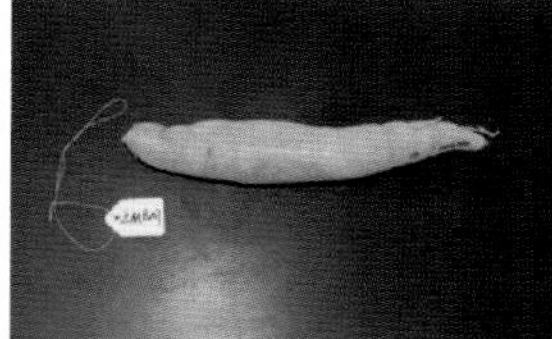
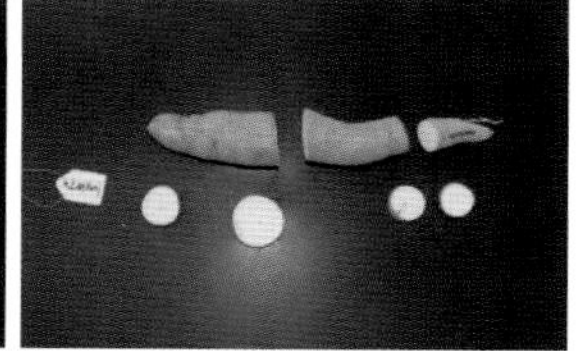

资源编号	资源名称	株高（cm）	主茎高（cm）	分枝长度（cm）	分枝数（个）	分枝角度（°）	株型（1 直立 2 紧凑 3 伞形）	株型（分杈 1 低 2 中 3 高）	节间密度（个 / 50 cm）	块根表皮（1 光滑 2 粗糙）	块根缢痕（1 无 2 有）	主茎粗（cm）
26	MS000156	228.50	96.00	98.50	2	45	3	2	17.24	1	1	2.40

资源编号	资源名称	主茎外表皮颜色	主茎内表皮颜色	地上生物量（斤）	单株鲜薯重（斤）	薯肉颜色	氰苷含量（μg/g）	块根的β-胡萝卜素含量（μg/g）	淀粉含量（%）	耐采后腐烂等级	叶片净光合速率[μmol/(m²·s)]
		（1 灰白色 2 灰绿色 3 灰黄色 4 黄褐色 5 中等褐色 6 红褐色 7 深褐色）									
26	MS000156	3	1	3.88	3.52	白	40.28	0.22	34.90	4	16.79

MS000168 木薯

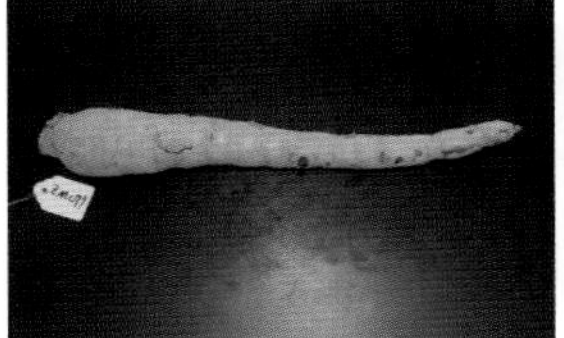
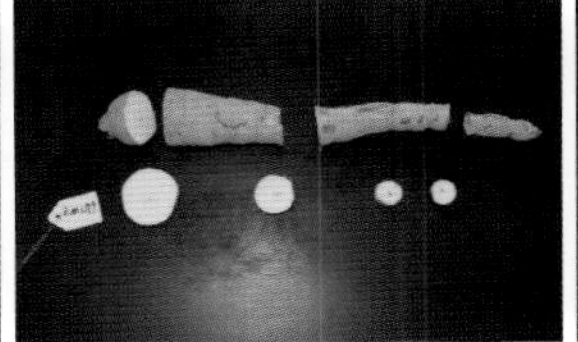
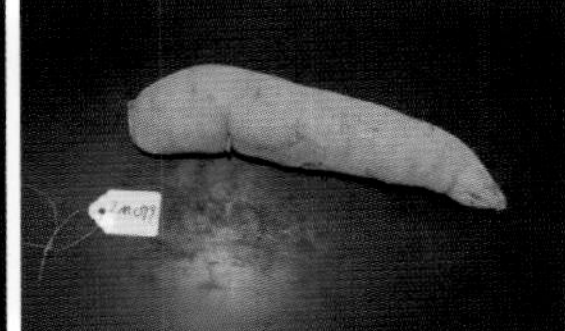
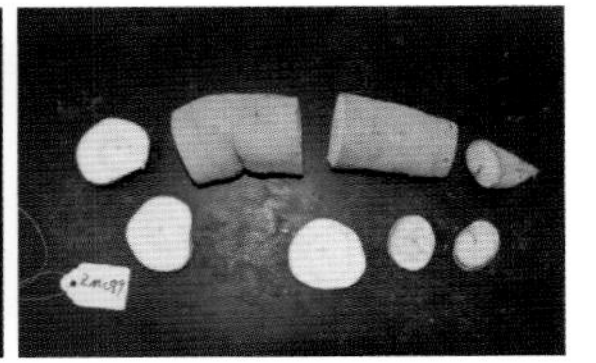

资源编号	资源名称	株高（cm）	主茎高（cm）	分枝长度（cm）	分枝数（个）	分枝角度（°）	株型（1 直立 2 紧凑 3 伞形）	株型（分杈 1 低 2 中 3 高）	节间密度（个 / 50 cm）	块根表皮（1 光滑 2 粗糙）	块根缢痕（1 无 2 有）	主茎粗（cm）
49	MS000168	303.80	213.00	91.00	6	40	3	3	15.24	1	1	3.16

资源编号	资源名称	主茎外表皮颜色	主茎内表皮颜色	地上生物量（斤）	单株鲜薯重（斤）	薯肉颜色	氰苷含量（μg/g）	块根的β-胡萝卜素含量（μg/g）	淀粉含量（%）	耐采后腐烂等级	叶片净光合速率[μmol/(m²·s)]
		（1 灰白色 2 灰绿色 3 灰黄色 4 黄褐色 5 中等褐色 6 红褐色 7 深褐色）									
49	MS000168	1	2	15	6.66	白	64.62	0.13	27.40	4	17.17

MS000177 木薯

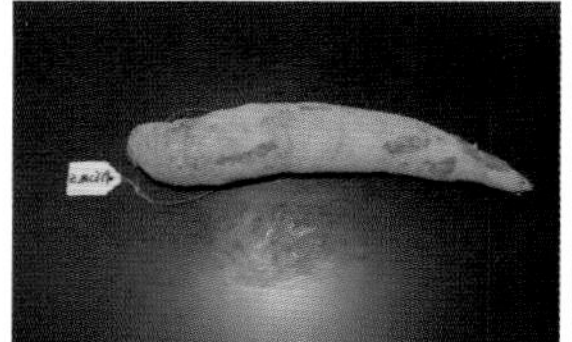

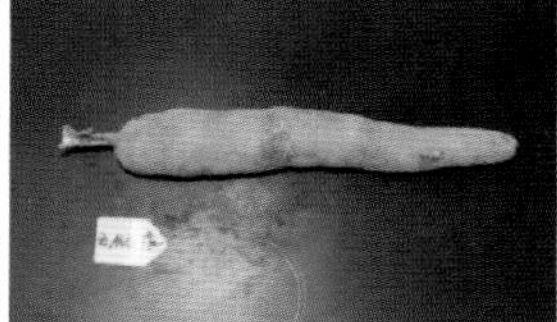
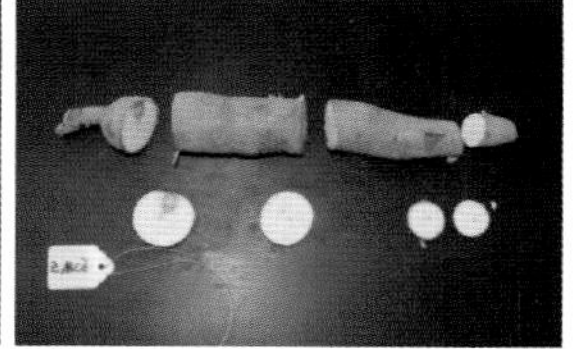

资源编号	资源名称	株高（cm）	主茎高（cm）	分枝长度（cm）	分枝数（个）	分枝角度（°）	株型（1 直立 2 紧凑 3 伞形）	株型（分杈 1 低 2 中 3 高）	节间密度（个 / 50 cm）	块根表皮（1 光滑 2 粗糙）	块根缢痕（1 无 2 有）	主茎粗（cm）
15	MS000177	191.50	109.00	68.00	3	60	3	1	15.15	1	1	2.40

资源编号	资源名称	主茎外表皮颜色	主茎内表皮颜色	地上生物量（斤）	单株鲜薯重（斤）	薯肉颜色	氰苷含量（μg/g）	块根的β-胡萝卜素含量（μg/g）	淀粉含量（%）	耐采后腐烂等级	叶片净光合速率[μmol/(m²·s)]
		（1 灰白色 2 灰绿色 3 灰黄色 4 黄褐色 5 中等褐色 6 红褐色 7 深褐色）									
15	MS000177	3	3	8	5.02	白	92.84	0.25	25.73	2	16.36

MS000190 木薯

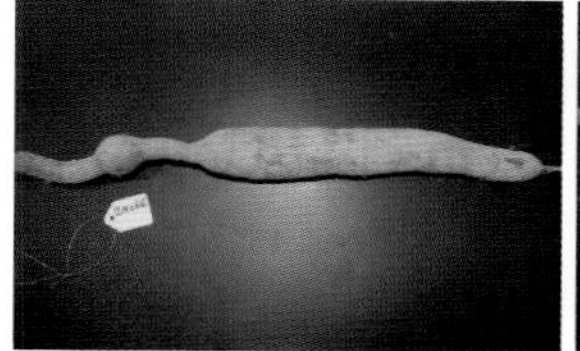
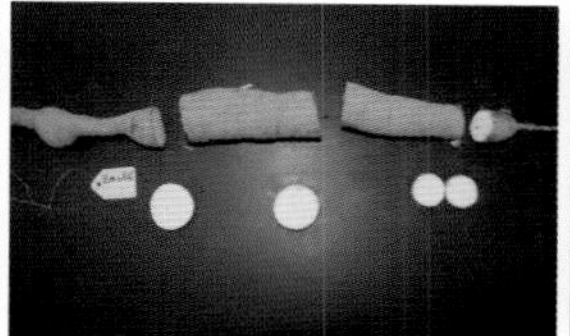

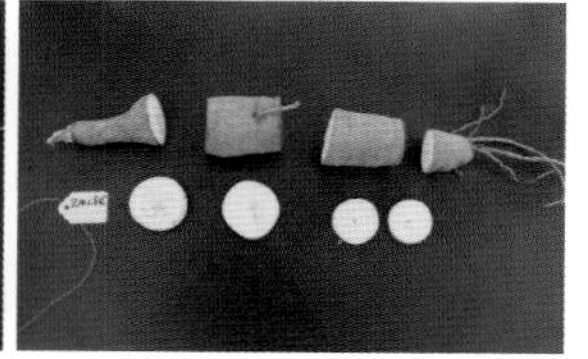

资源编号	资源名称	株高（cm）	主茎高（cm）	分枝长度（cm）	分枝数（个）	分枝角度（°）	株型（1 直立 2 紧凑 3 伞形）	株型（分杈 1 低 2 中 3 高）	节间密度（个 / 50 cm）	块根表皮（1 光滑 2 粗糙）	块根缢痕（1 无 2 有）	主茎粗（cm）
103	MS000190	262.80	113.00	88.20	4	44	3	2	20.66	2	2	2.90

资源编号	资源名称	主茎外表皮颜色	主茎内表皮颜色	地上生物量（斤）	单株鲜薯重（斤）	薯肉颜色	氰苷含量（μg/g）	块根的β-胡萝卜素含量（μg/g）	淀粉含量（%）	耐采后腐烂等级	叶片净光合速率[μmol/(m^2·s)]
		（1 灰白色 2 灰绿色 3 灰黄色 4 黄褐色 5 中等褐色 6 红褐色 7 深褐色）									
103	MS000190	4	1	6.02	3.13	白	40.76	0.12	31.21	3	15.38

MS000194 木薯

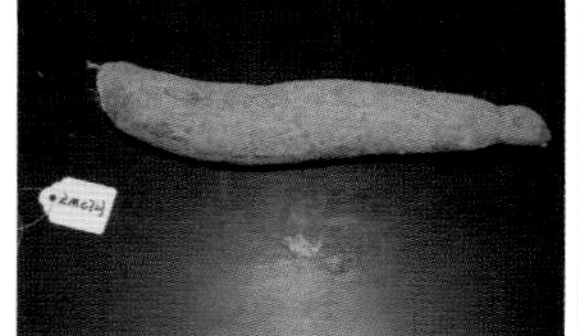
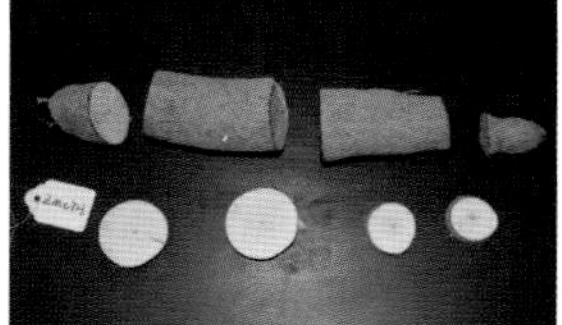
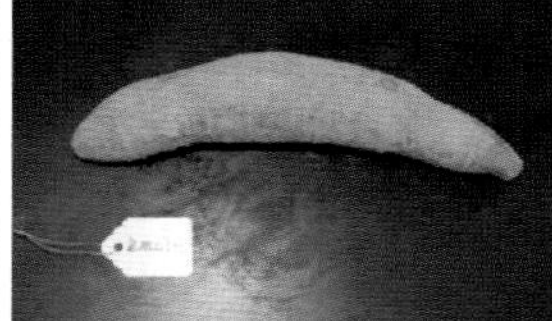
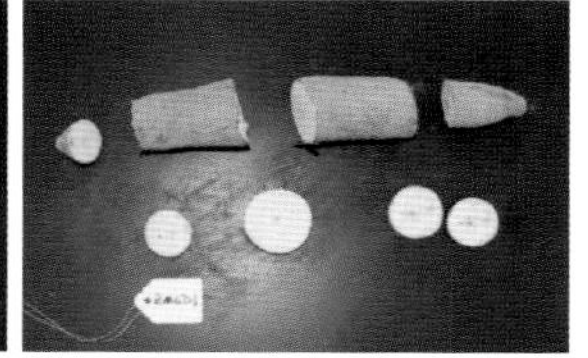

资源编号	资源名称	株高（cm）	主茎高（cm）	分枝长度（cm）	分枝数（个）	分枝角度（°）	株型（1 直立 2 紧凑 3 伞形）	株型（分杈 1 低 2 中 3 高）	节间密度（个 / 50 cm）	块根表皮（1 光滑 2 粗糙）	块根缢痕（1 无 2 有）	主茎粗（cm）
45	MS000194	271.00	34.00	87.67	3	30	3	3	14.85	2	2	3.20

资源编号	资源名称	主茎外表皮颜色	主茎内表皮颜色	地上生物量（斤）	单株鲜薯重（斤）	薯肉颜色	氰苷含量（μg/g）	块根的β-胡萝卜素含量（μg/g）	淀粉含量（%）	耐采后腐烂等级	叶片净光合速率［μmol/(m²·s)］
		（1 灰白色 2 灰绿色 3 灰黄色 4 黄褐色 5 中等褐色 6 红褐色 7 深褐色）									
45	MS000194	3	1	7.90	4.27	浅黄	39.49	7.26	27.17	4	17.17

MS000196 木薯

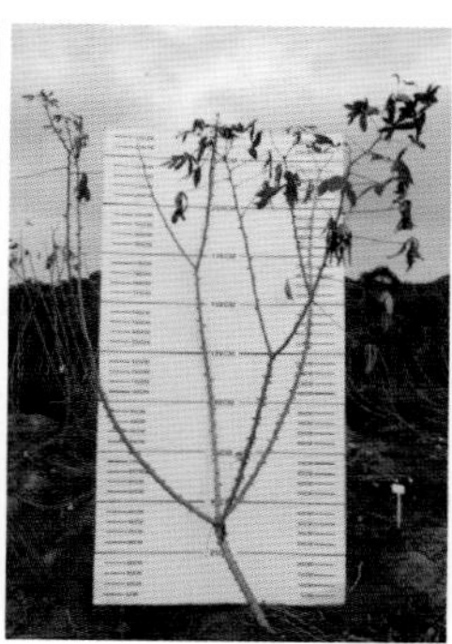

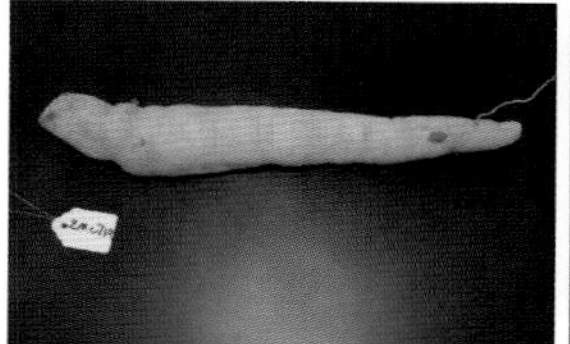
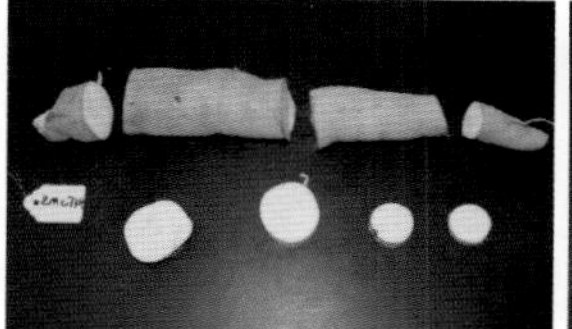
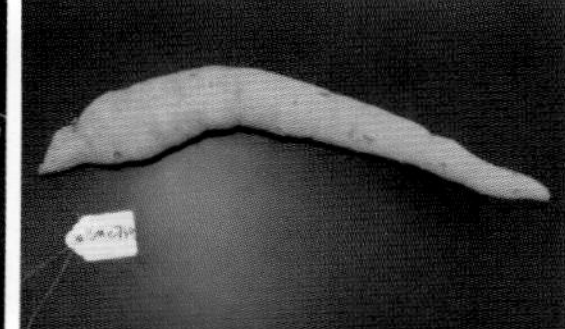
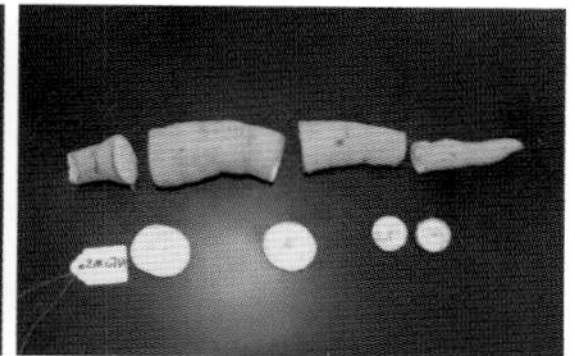

资源编号	资源名称	株高（cm）	主茎高（cm）	分枝长度（cm）	分枝数（个）	分枝角度（°）	株型（1 直立 2 紧凑 3 伞形）	株型（分杈 1 低 2 中 3 高）	节间密度（个/50 cm）	块根表皮（1 光滑 2 粗糙）	块根缢痕（1 无 2 有）	主茎粗（cm）
75	MS000196	269.20	89.80	114.00	4	36	3	2	13.51	1	2	2.66

资源编号	资源名称	主茎外表皮颜色	主茎内表皮颜色	地上生物量（斤）	单株鲜薯重（斤）	薯肉颜色	氰苷含量（μg/g）	块根的β-胡萝卜素含量（μg/g）	淀粉含量（%）	耐采后腐烂等级	叶片净光合速率[μmol/(m²·s)]
		（1 灰白色 2 灰绿色 3 灰黄色 4 黄褐色 5 中等褐色 6 红褐色 7 深褐色）									
75	MS000196	1	1	5.92	3.46	白	223.02	0.19	27.27	4	18.23

MS000203 木薯

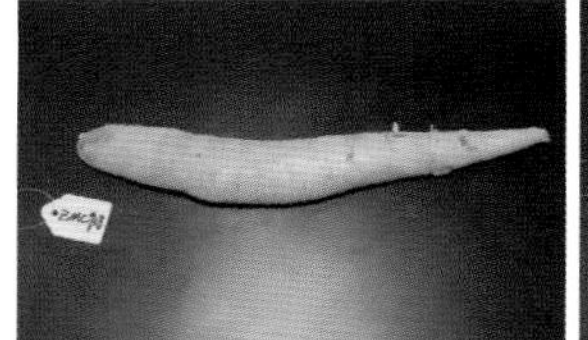
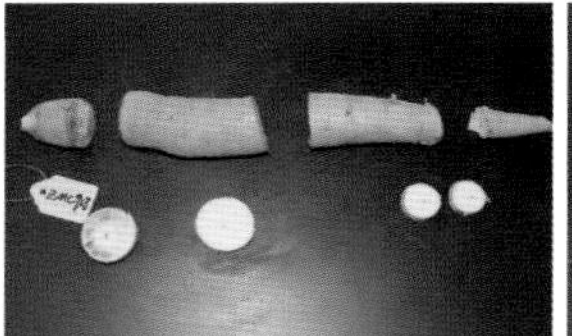
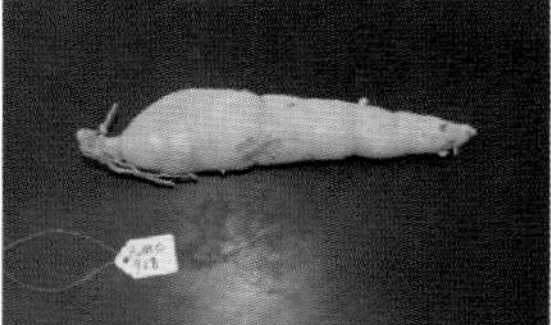
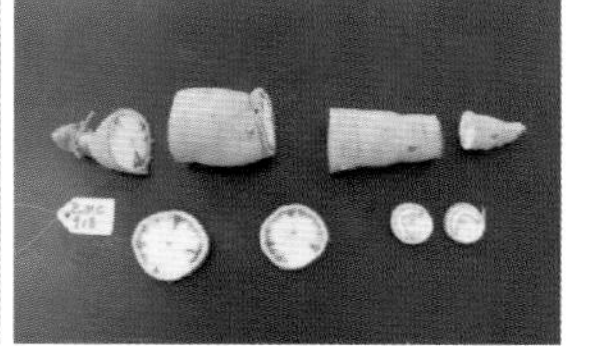

资源编号	资源名称	株高（cm）	主茎高（cm）	分枝长度（cm）	分枝数（个）	分枝角度（°）	株型（1 直立 2 紧凑 3 伞形）	株型（分杈 1 低 2 中 3 高）	节间密度（个 / 50 cm）	块根表皮（1 光滑 2 粗糙）	块根缢痕（1 无 2 有）	主茎粗（cm）
22	MS000203	228.40	206.50	0.00	0	0	1		12.74	1	2	2.45

资源编号	资源名称	主茎外表皮颜色	主茎内表皮颜色	地上生物量（斤）	单株鲜薯重（斤）	薯肉颜色	氰苷含量（μg/g）	块根的β-胡萝卜素含量（μg/g）	淀粉含量（%）	耐采后腐烂等级	叶片净光合速率[μmol/(m²·s)]
		（1 灰白色 2 灰绿色 3 灰黄色 4 黄褐色 5 中等褐色 6 红褐色 7 深褐色）									
22	MS000203	1	2	4.50	6.01	白	29.49	0.27	34.40	4	15.23

MS000223 木薯

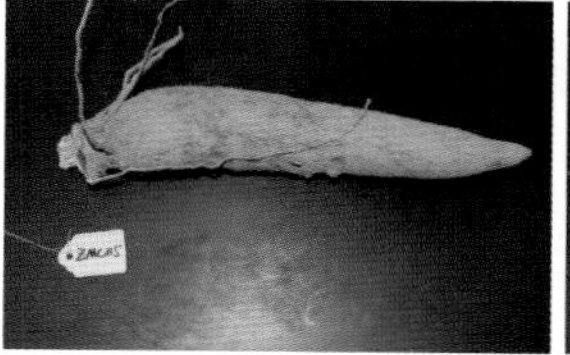
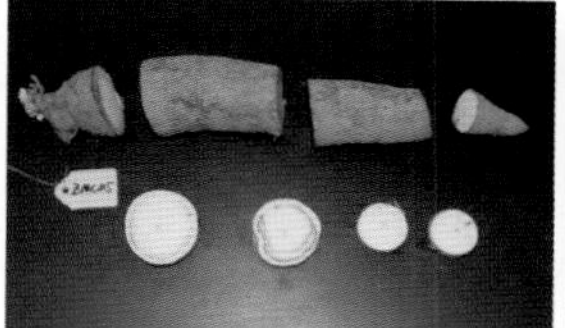
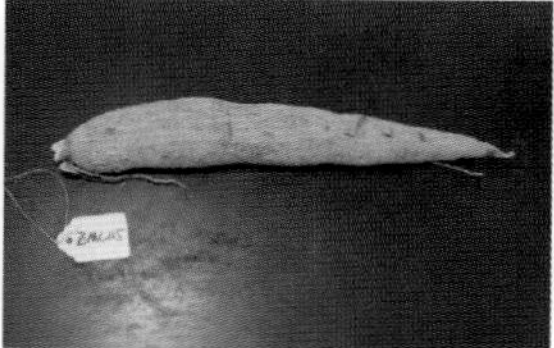

资源编号	资源名称	株高（cm）	主茎高（cm）	分枝长度（cm）	分枝数（个）	分枝角度（°）	株型（1 直立 2 紧凑 3 伞形）	株型（分杈 1 低 2 中 3 高）	节间密度（个 / 50 cm）	块根表皮（1 光滑 2 粗糙）	块根缢痕（1 无 2 有）	主茎粗（cm）
48	MS000223	301.20	267.00	165.00	0	0	1	1	17.01	2	1	2.88

资源编号	资源名称	主茎外表皮颜色	主茎内表皮颜色	地上生物量（斤）	单株鲜薯重（斤）	薯肉颜色	氰苷含量（μg/g）	块根的β-胡萝卜素含量（μg/g）	淀粉含量（%）	耐采后腐烂等级	叶片净光合速率[μmol/(m²·s)]
		（1 灰白色 2 灰绿色 3 灰黄色 4 黄褐色 5 中等褐色 6 红褐色 7 深褐色）									
48	MS000223	7	3	6.22	3.46	白	14.29	0.08	41.30	4	17.92

MS000229 木薯

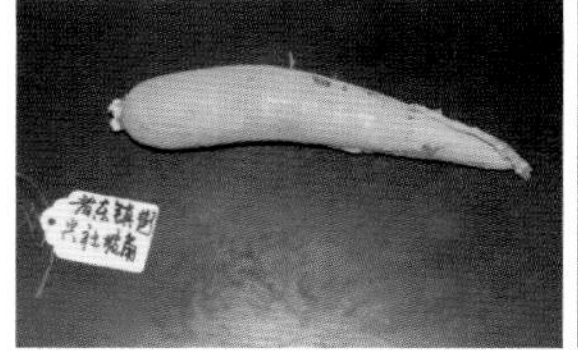
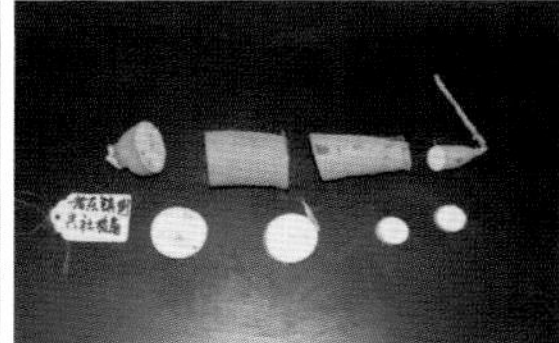
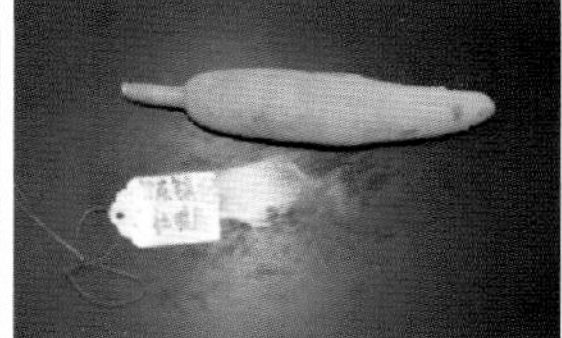
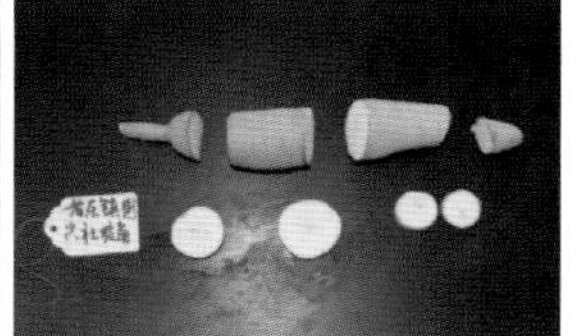

资源编号	资源名称	株高（cm）	主茎高（cm）	分枝长度（cm）	分枝数（个）	分枝角度（°）	株型（1 直立 2 紧凑 3 伞形）	株型（分杈 1 低 2 中 3 高）	节间密度（个 / 50 cm）	块根表皮（1 光滑 2 粗糙）	块根缢痕（1 无 2 有）	主茎粗（cm）
128	MS000229	309.40	309.40	309.40	2	25	1	3	20.00	1	1	2.32

资源编号	资源名称	主茎外表皮颜色	主茎内表皮颜色	地上生物量（斤）	单株鲜薯重（斤）	薯肉颜色	氰苷含量（μg/g）	块根的β-胡萝卜素含量（μg/g）	淀粉含量（%）	耐采后腐烂等级	叶片净光合速率[μmol/(m^2·s)]
		（1 灰白色 2 灰绿色 3 灰黄色 4 黄褐色 5 中等褐色 6 红褐色 7 深褐色）									
128	MS000229	2	3	6.85	4.43	白	16.64	0.15	24.91	2	16.82

MS000233 木薯

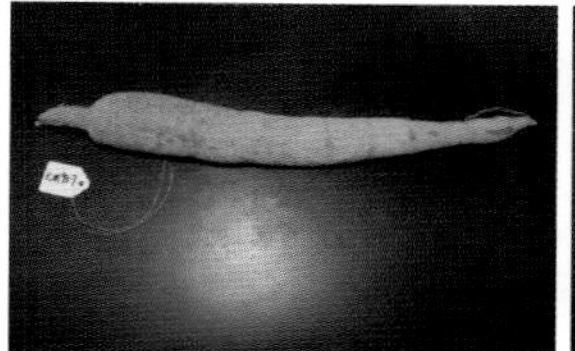

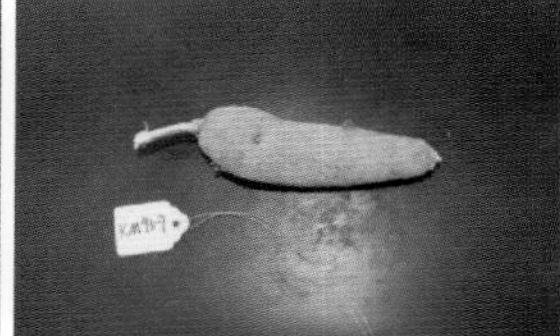

资源编号	资源名称	株高（cm）	主茎高（cm）	分枝长度（cm）	分枝数（个）	分枝角度（°）	株型（1 直立 2 紧凑 3 伞形）	株型（分杈 1 低 2 中 3 高）	节间密度（个 / 50 cm）	块根表皮（1 光滑 2 粗糙）	块根缢痕（1 无 2 有）	主茎粗（cm）
69	MS000233	260.60	132.00	115.50	3	21.30	2	2	15.24	2	2	2.46

资源编号	资源名称	主茎外表皮颜色	主茎内表皮颜色	地上生物量（斤）	单株鲜薯重（斤）	薯肉颜色	氰苷含量（μg/g）	块根的β-胡萝卜素含量（μg/g）	淀粉含量（%）	耐采后腐烂等级	叶片净光合速率[μmol/(m²·s)]
		（1 灰白色 2 灰绿色 3 灰黄色 4 黄褐色 5 中等褐色 6 红褐色 7 深褐色）									
69	MS000233	6	1	4.60	9.26	白	370.84	0.24	29.47	4	15.84

MS000237 木薯

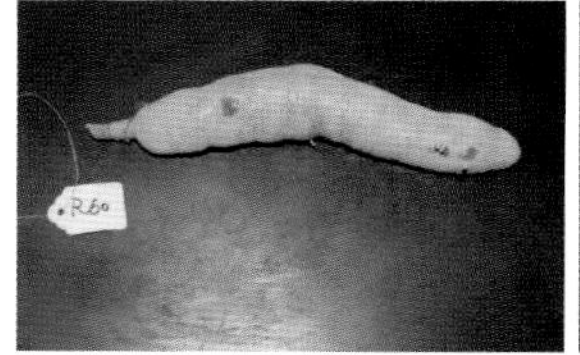
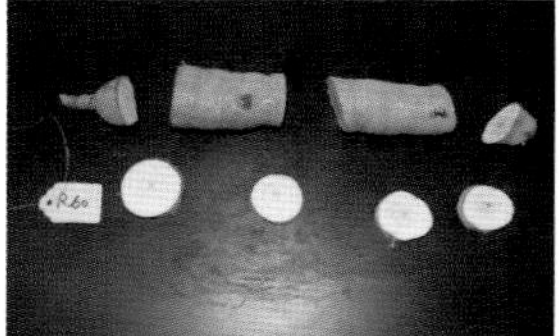
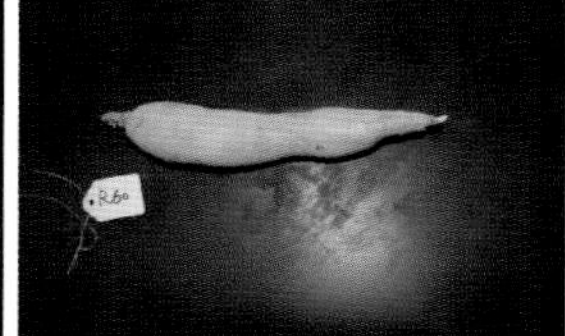
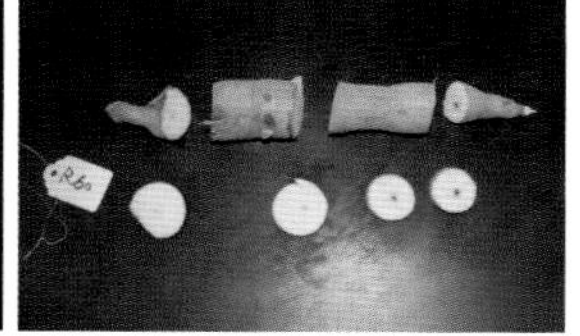

资源编号	资源名称	株高（cm）	主茎高（cm）	分枝长度（cm）	分枝数（个）	分枝角度（°）	株型（1 直立 2 紧凑 3 伞形）	株型（分杈 1 低 2 中 3 高）	节间密度（个 / 50 cm）	块根表皮（1 光滑 2 粗糙）	块根缢痕（1 无 2 有）	主茎粗（cm）
97	MS000237	191.00	160.00	62.00	2	27.50	2	3	15.00	2	2	2.07

<table>
<tr><th rowspan="2">资源编号</th><th rowspan="2">资源名称</th><th>主茎外表皮颜色</th><th>主茎内表皮颜色</th><th rowspan="2">地上生物量（斤）</th><th rowspan="2">单株鲜薯重（斤）</th><th rowspan="2">薯肉颜色</th><th rowspan="2">氰苷含量（μg/g）</th><th rowspan="2">块根的β-胡萝卜素含量（μg/g）</th><th rowspan="2">淀粉含量（%）</th><th rowspan="2">耐采后腐烂等级</th><th rowspan="2">叶片净光合速率[μmol/(m²·s)]</th></tr>
<tr><th colspan="2">（1 灰白色 2 灰绿色 3 灰黄色 4 黄褐色 5 中等褐色 6 红褐色 7 深褐色）</th></tr>
<tr><td>97</td><td>MS000237</td><td>2</td><td>1</td><td>2.30</td><td>7.26</td><td>浅黄</td><td>40.08</td><td>1.33</td><td>33.67</td><td>4</td><td>17.33</td></tr>
</table>

MS000241 木薯

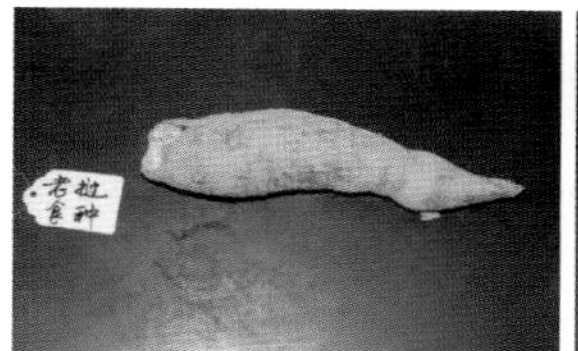
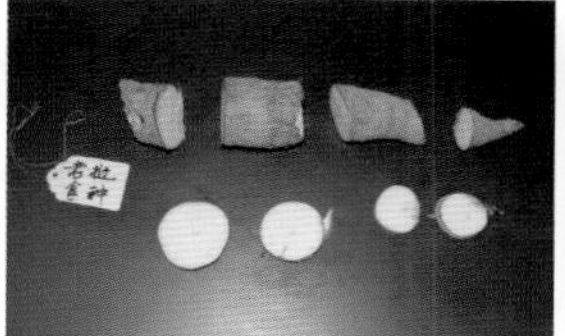
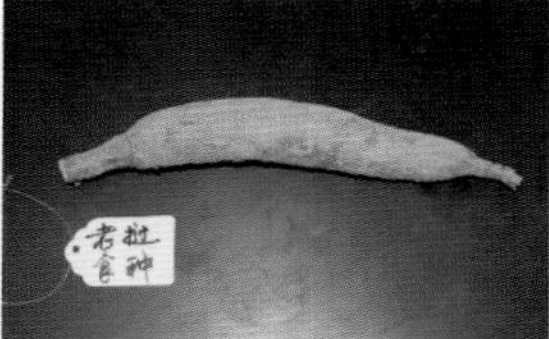

资源编号	资源名称	株高（cm）	主茎高（cm）	分枝长度（cm）	分枝数（个）	分枝角度（°）	株型（1 直立 2 紧凑 3 伞形）	株型（分杈 1 低 2 中 3 高）	节间密度（个 / 50 cm）	块根表皮（1 光滑 2 粗糙）	块根缢痕（1 无 2 有）	主茎粗（cm）
99	MS000241	339.20	108.00	123.40	3	43	3	2	20.16	2	2	2.88

资源编号	资源名称	主茎外表皮颜色	主茎内表皮颜色	地上生物量（斤）	单株鲜薯重（斤）	薯肉颜色	氰苷含量（μg/g）	块根的β-胡萝卜素含量（μg/g）	淀粉含量（%）	耐采后腐烂等级	叶片净光合速率[μmol/(m^2·s)]
		（1 灰白色 2 灰绿色 3 灰黄色 4 黄褐色 5 中等褐色 6 红褐色 7 深褐色）									
99	MS000241	5	3	10	8.26	白	8.34	0.17	29.79	1	17.02

MS000245 木薯

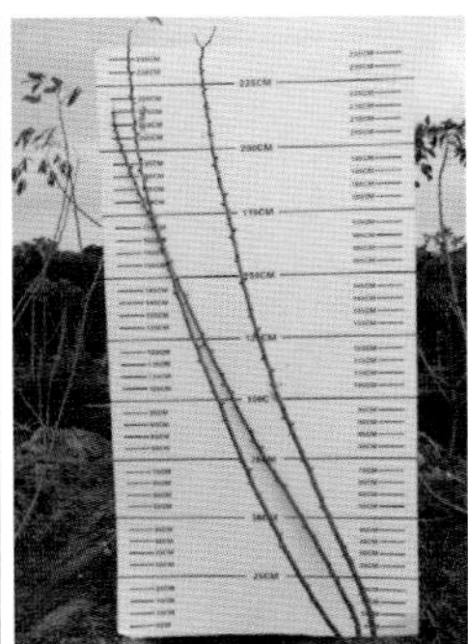

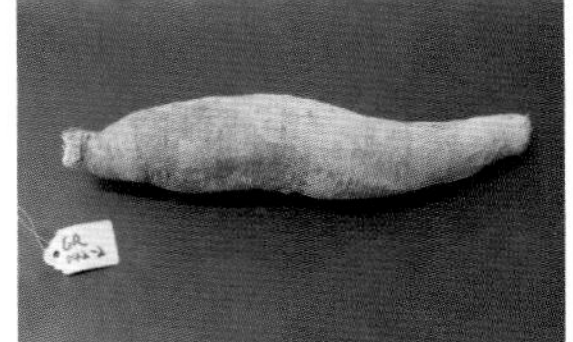
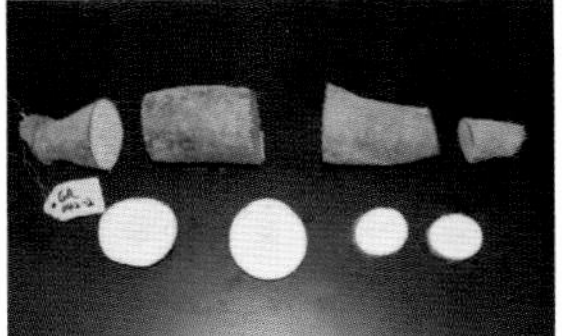
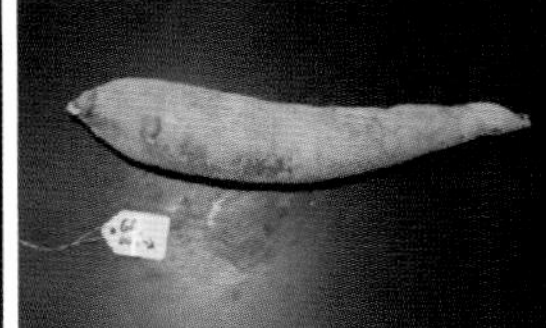
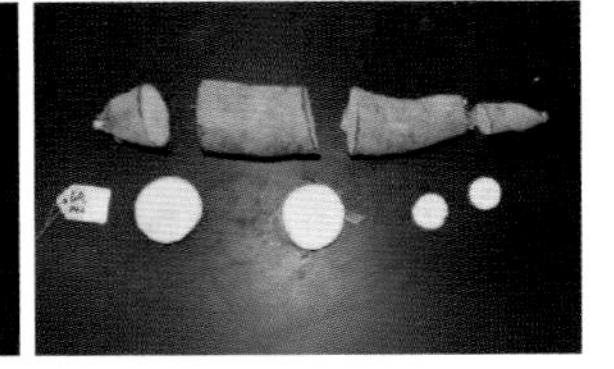

资源编号	资源名称	株高（cm）	主茎高（cm）	分枝长度（cm）	分枝数（个）	分枝角度（°）	株型（1 直立 2 紧凑 3 伞形）	株型（分杈 1 低 2 中 3 高）	节间密度（个 / 50 cm）	块根表皮（1 光滑 2 粗糙）	块根缢痕（1 无 2 有）	主茎粗（cm）
84	MS000245	237.20	202.00	44.25	3	33.80	2	3	16.89	2	1	2.44

资源编号	资源名称	主茎外表皮颜色	主茎内表皮颜色	地上生物量（斤）	单株鲜薯重（斤）	薯肉颜色	氰苷含量（μg/g）	块根的β-胡萝卜素含量（μg/g）	淀粉含量（%）	耐采后腐烂等级	叶片净光合速率[μmol/(m²·s)]
		（1 灰白色 2 灰绿色 3 灰黄色 4 黄褐色 5 中等褐色 6 红褐色 7 深褐色）									
84	MS000245	7	3	4.50	4.07	白	21.51	0.28	31.06	1	15.98

MS000253 木薯

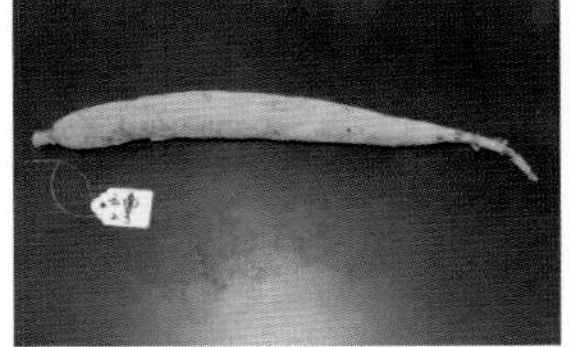
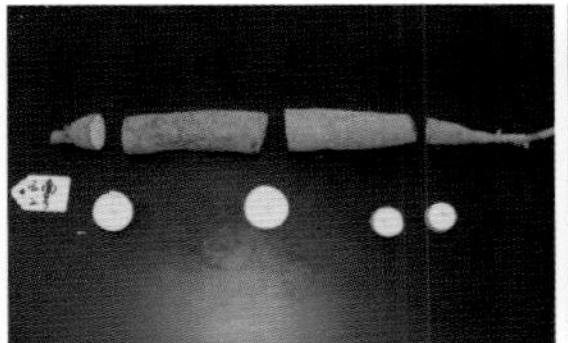
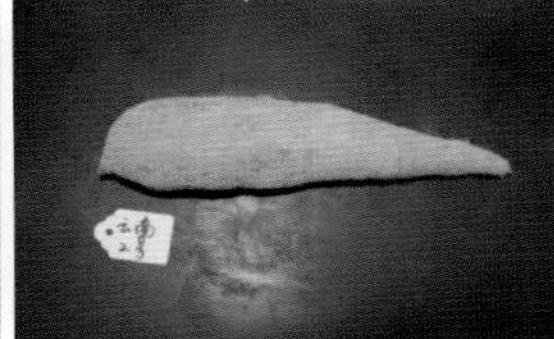

资源编号	资源名称	株高（cm）	主茎高（cm）	分枝长度（cm）	分枝数（个）	分枝角度（°）	株型（1 直立 2 紧凑 3 伞形）	株型（分杈 1 低 2 中 3 高）	节间密度（个 / 50 cm）	块根表皮（1 光滑 2 粗糙）	块根缢痕（1 无 2 有）	主茎粗（cm）
47	MS000253	319.00	204.00	106.70	4	42.50	3	3	18.52	1	1	2.48

资源编号	资源名称	主茎外表皮颜色	主茎内表皮颜色	地上生物量（斤）	单株鲜薯重（斤）	薯肉颜色	氰苷含量（μg/g）	块根的β-胡萝卜素含量（μg/g）	淀粉含量（%）	耐采后腐烂等级	叶片净光合速率[μmol/(m²·s)]
		（1 灰白色 2 灰绿色 3 灰黄色 4 黄褐色 5 中等褐色 6 红褐色 7 深褐色）									
47	MS000253	3	1	7.08	2.13	白	175.42	0.10	26.62	4	15.06

MS000254 木薯

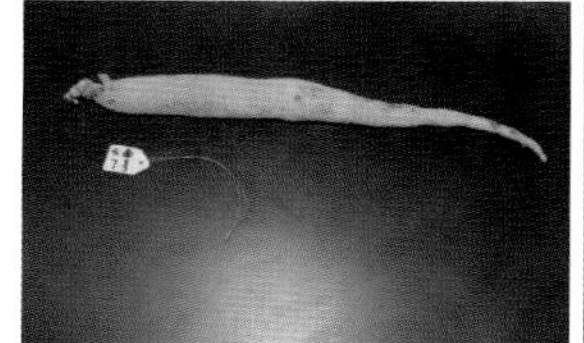
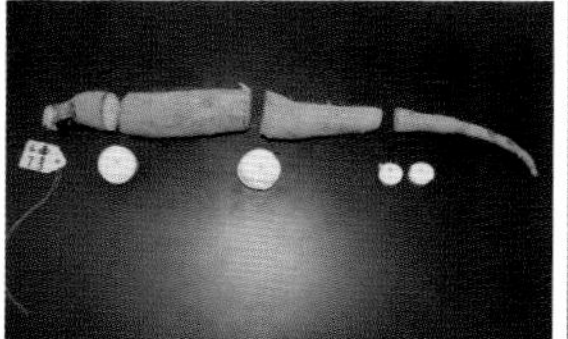
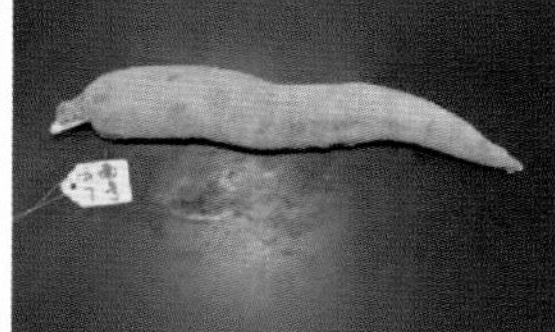
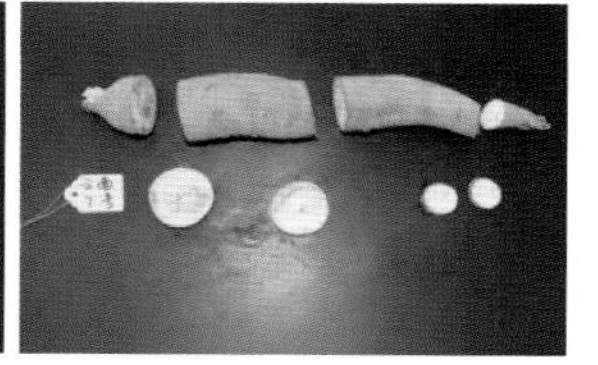

资源编号	资源名称	株高（cm）	主茎高（cm）	分枝长度（cm）	分枝数（个）	分枝角度（°）	株型（1 直立 2 紧凑 3 伞形）	株型（分杈 1 低 2 中 3 高）	节间密度（个 / 50 cm）	块根表皮（1 光滑 2 粗糙）	块根缢痕（1 无 2 有）	主茎粗（cm）
107	MS000254	324.00	156.00	193.00	4	38.30	2	1.67	19.80	2	1	2.90

资源编号	资源名称	主茎外表皮颜色	主茎内表皮颜色	地上生物量（斤）	单株鲜薯重（斤）	薯肉颜色	氰苷含量（μg/g）	块根的β-胡萝卜素含量（μg/g）	淀粉含量（%）	耐采后腐烂等级	叶片净光合速率［μmol/(m²·s)］
		（1 灰白色 2 灰绿色 3 灰黄色 4 黄褐色 5 中等褐色 6 红褐色 7 深褐色）									
107	MS000254	2	4	7.02	2.90	白	61.82	0.21	28.98	4	16.71

MS000255 木薯

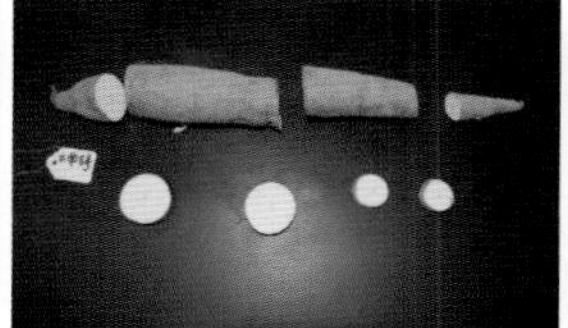
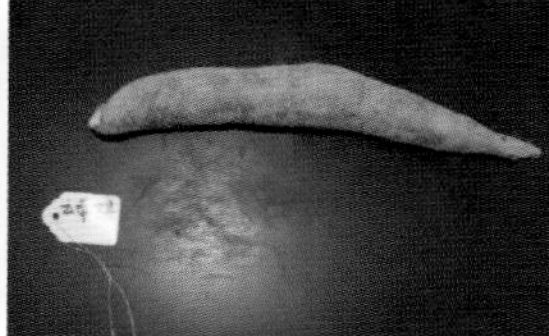
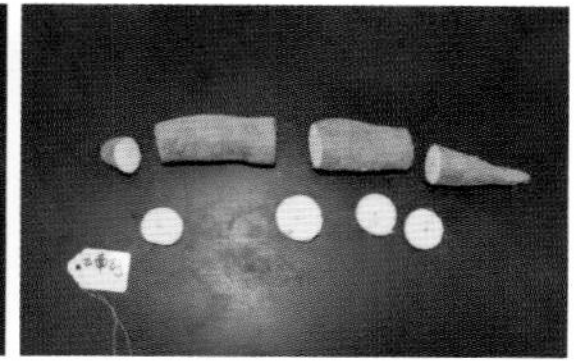

资源编号	资源名称	株高（cm）	主茎高（cm）	分枝长度（cm）	分枝数（个）	分枝角度（°）	株型（1 直立 2 紧凑 3 伞形）	株型（分杈 1 低 2 中 3 高）	节间密度（个 / 50 cm）	块根表皮（1 光滑 2 粗糙）	块根缢痕（1 无 2 有）	主茎粗（cm）
8	MS000255	213.40	213.00	213.00	3	50	1	2	16.45	1	1	2.14

资源编号	资源名称	主茎外表皮颜色	主茎内表皮颜色	地上生物量（斤）	单株鲜薯重（斤）	薯肉颜色	氰苷含量（μg/g）	块根的β-胡萝卜素含量（μg/g）	淀粉含量（%）	耐采后腐烂等级	叶片净光合速率[μmol/(m²·s)]
		（1 灰白色 2 灰绿色 3 灰黄色 4 黄褐色 5 中等褐色 6 红褐色 7 深褐色）									
8	MS000255	3	4	4.20	4.55	白	114.43	0.14	31.45	4	14.25

MS000264 木薯

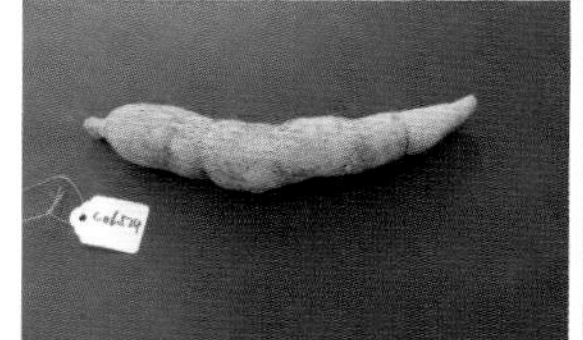
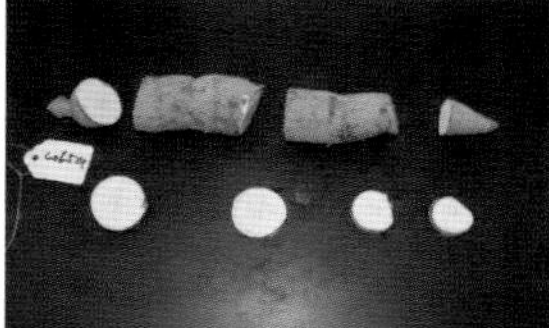
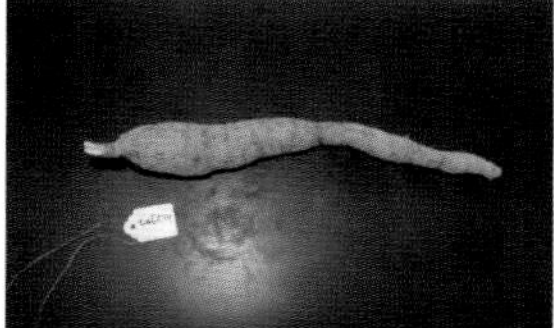
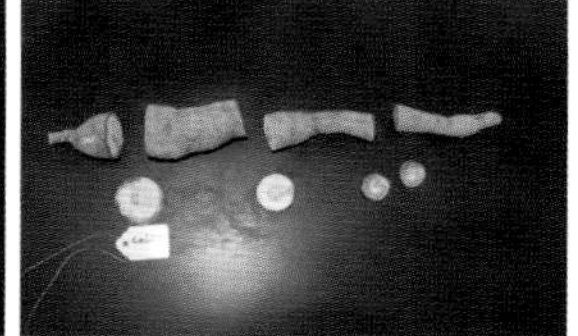

资源编号	资源名称	株高（cm）	主茎高（cm）	分枝长度（cm）	分枝数（个）	分枝角度（°）	株型（1 直立 2 紧凑 3 伞形）	株型（分杈 1 低 2 中 3 高）	节间密度（个/50 cm）	块根表皮（1 光滑 2 粗糙）	块根缢痕（1 无 2 有）	主茎粗（cm）
126	MS000264	280.20	93.60	145.40	3	34	3	2	19.23	2	2	2.60

资源编号	资源名称	主茎外表皮颜色	主茎内表皮颜色	地上生物量（斤）	单株鲜薯重（斤）	薯肉颜色	氰苷含量（μg/g）	块根的β-胡萝卜素含量（μg/g）	淀粉含量（%）	耐采后腐烂等级	叶片净光合速率[μmol/(m^2·s)]
		（1 灰白色 2 灰绿色 3 灰黄色 4 黄褐色 5 中等褐色 6 红褐色 7 深褐色）									
126	MS000264	5	3	5.03	1.27	浅黄	200.79	0.94	26.60	4	15.58

MS000281 木薯

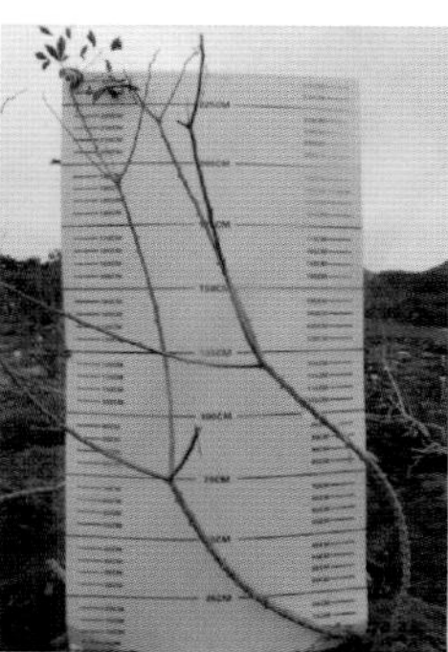

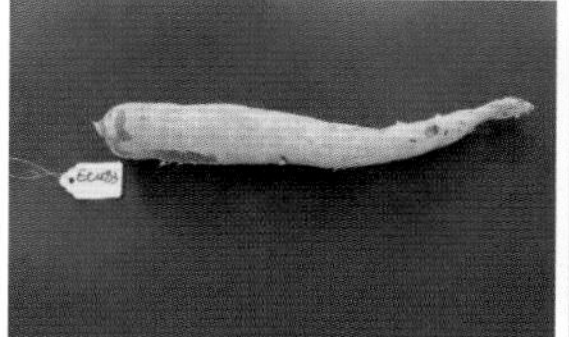
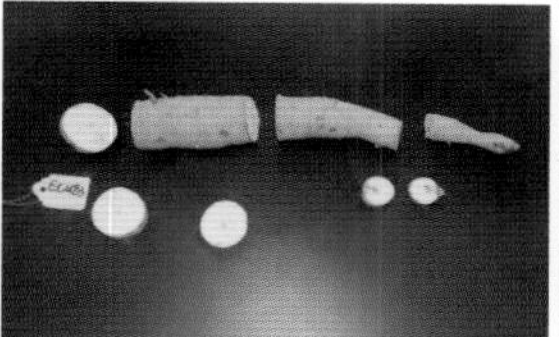

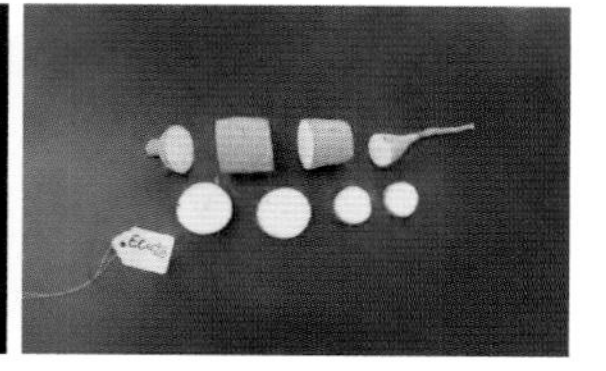

资源编号	资源名称	株高（cm）	主茎高（cm）	分枝长度（cm）	分枝数（个）	分枝角度（°）	株型（1 直立 2 紧凑 3 伞形）	株型（分杈 1 低 2 中 3 高）	节间密度（个 / 50 cm）	块根表皮（1 光滑 2 粗糙）	块根缢痕（1 无 2 有）	主茎粗（cm）
42	MS000281	280.80	95.40	114.00	3	40	3	2	15.24	1	1	2.80

资源编号	资源名称	主茎外表皮颜色	主茎内表皮颜色	地上生物量（斤）	单株鲜薯重（斤）	薯肉颜色	氰苷含量（μg/g）	块根的β-胡萝卜素含量（μg/g）	淀粉含量（%）	耐采后腐烂等级	叶片净光合速率[μmol/(m²·s)]
		（1 灰白色 2 灰绿色 3 灰黄色 4 黄褐色 5 中等褐色 6 红褐色 7 深褐色）									
42	MS000281	1	2	8.90	2.93	白	56.74	0.26	31.00	4	16.82

MS000284 木薯

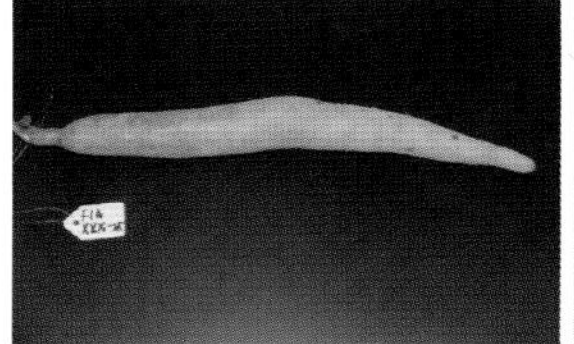
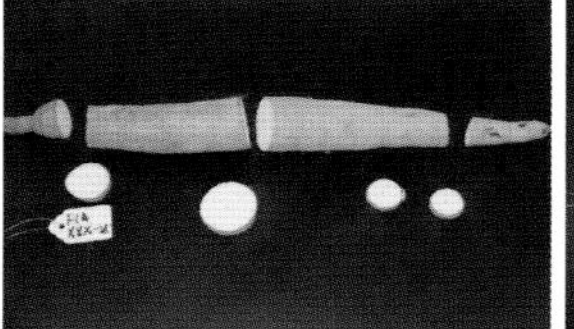

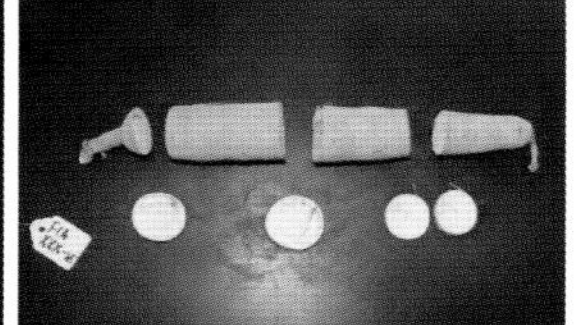

资源编号	资源名称	株高（cm）	主茎高（cm）	分枝长度（cm）	分枝数（个）	分枝角度（°）	株型（1 直立 2 紧凑 3 伞形）	株型（分杈 1 低 2 中 3 高）	节间密度（个 / 50 cm）	块根表皮（1 光滑 2 粗糙）	块根缢痕（1 无 2 有）	主茎粗（cm）
12	MS000284	232.67	67.70	92.67	3	41.70	3	1	18.07	1	2	2.70

资源编号	资源名称	主茎外表皮颜色	主茎内表皮颜色	地上生物量（斤）	单株鲜薯重（斤）	薯肉颜色	氰苷含量（μg/g）	块根的β-胡萝卜素含量（μg/g）	淀粉含量（%）	耐采后腐烂等级	叶片净光合速率[μmol/(m²·s)]
		（1 灰白色 2 灰绿色 3 灰黄色 4 黄褐色 5 中等褐色 6 红褐色 7 深褐色）									
12	MS000284	1	1	2.42	2.30	白	69.47	0.15	30.71	4	16.13

MS000290 木薯

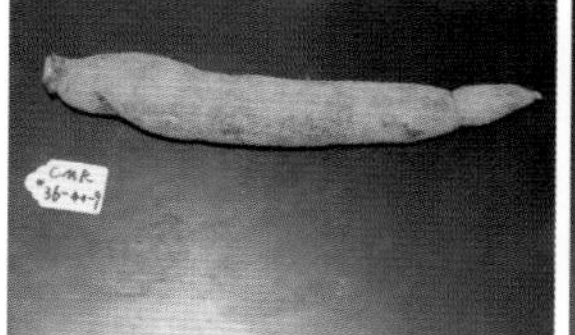
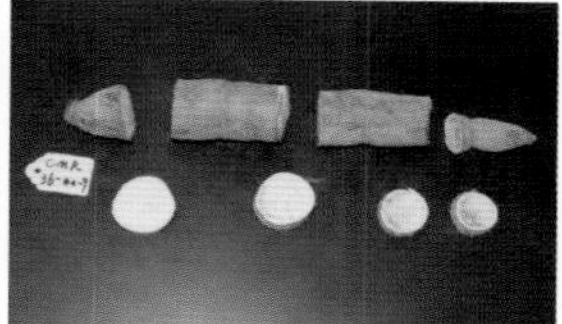

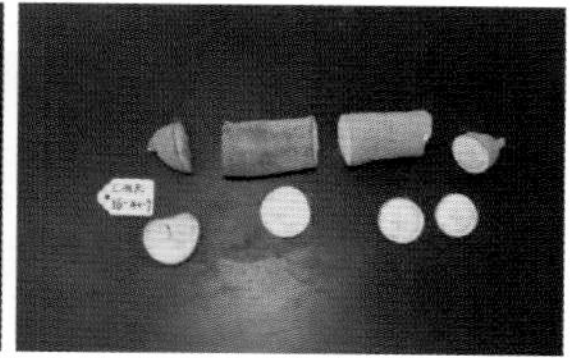

资源编号	资源名称	株高（cm）	主茎高（cm）	分枝长度（cm）	分枝数（个）	分枝角度（°）	株型（1直立 2紧凑 3伞形）	株型（分杈 1低 2中 3高）	节间密度（个/50 cm）	块根表皮（1光滑 2粗糙）	块根缢痕（1无 2有）	主茎粗（cm）
116	MS000290	280.00	220.00	74.50	3	32.50	2	3	16.45	2	2	2.54

资源编号	资源名称	主茎外表皮颜色	主茎内表皮颜色	地上生物量（斤）	单株鲜薯重（斤）	薯肉颜色	氰苷含量（μg/g）	块根的β-胡萝卜素含量（μg/g）	淀粉含量（%）	耐采后腐烂等级	叶片净光合速率[μmol/(m²·s)]
		（1灰白色 2灰绿色 3灰黄色 4黄褐色 5中等褐色 6红褐色 7深褐色）									
116	MS000290	7	3	6.70	4.22	白	52.37	0.13	31.21	1	15.13

MS000291 木薯

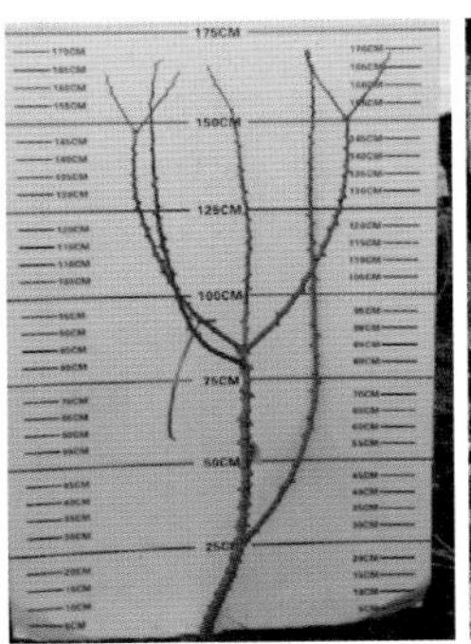

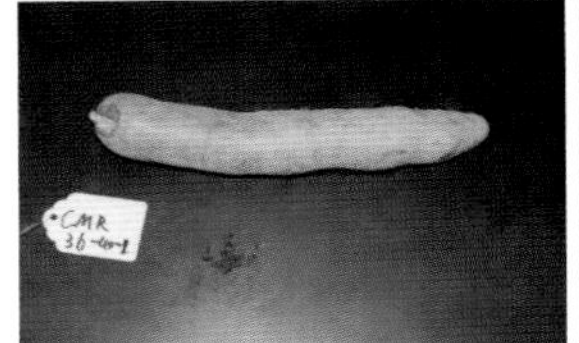

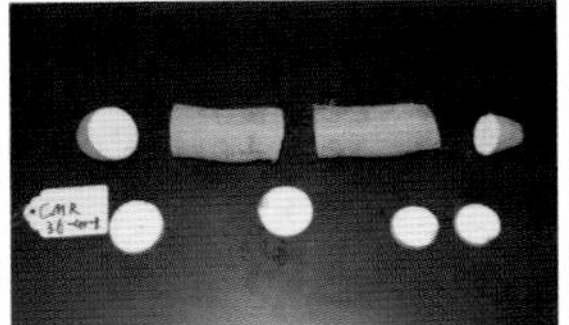

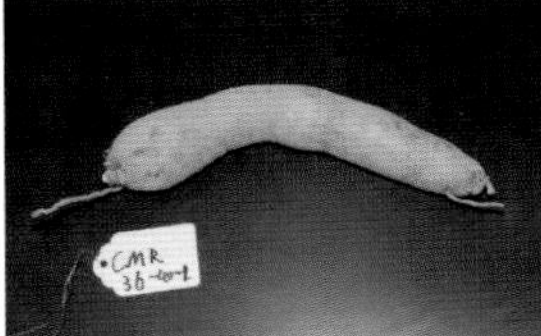

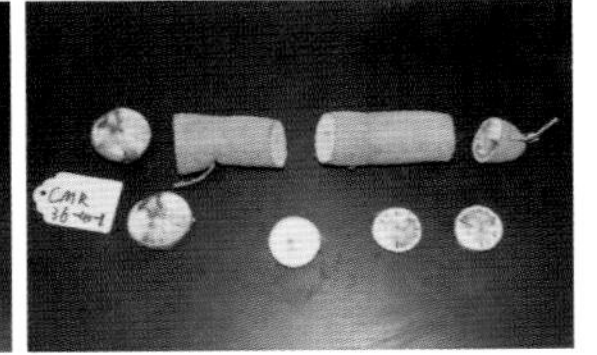

资源编号	资源名称	株高（cm）	主茎高（cm）	分枝长度（cm）	分枝数（个）	分枝角度（°）	株型（1 直立 2 紧凑 3 伞形）	株型（分杈 1 低 2 中 3 高）	节间密度（个 / 50 cm）	块根表皮（1 光滑 2 粗糙）	块根缢痕（1 无 2 有）	主茎粗（cm）
139	MS000291	185.75	92.50	73.25	3	43.80	3	2	13.89	1	1	2.38

资源编号	资源名称	主茎外表皮颜色	主茎内表皮颜色	地上生物量（斤）	单株鲜薯重（斤）	薯肉颜色	氰苷含量（μg/g）	块根的β-胡萝卜素含量（μg/g）	淀粉含量（%）	耐采后腐烂等级	叶片净光合速率[μmol/(m²·s)]
		（1 灰白色 2 灰绿色 3 灰黄色 4 黄褐色 5 中等褐色 6 红褐色 7 深褐色）									
139	MS000291	2	2	2.30	3.12	白	26.78	0.16	26.64	4	14.57

MS000296 木薯

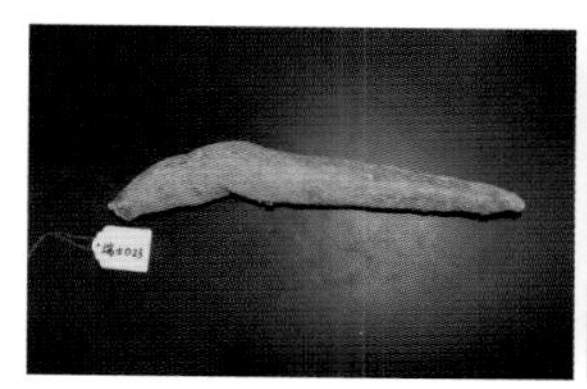
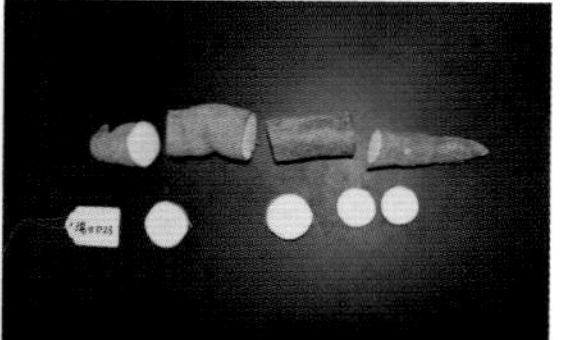

资源编号	资源名称	株高（cm）	主茎高（cm）	分枝长度（cm）	分枝数（个）	分枝角度（°）	株型（1 直立 2 紧凑 3 伞形）	株型（分杈 1 低 2 中 3 高）	节间密度（个/50 cm）	块根表皮（1 光滑 2 粗糙）	块根缢痕（1 无 2 有）	主茎粗（cm）
53	MS000296	265.00	57.80	140.50	3	53.80	3	1	12.50	2	2	3.70

资源编号	资源名称	主茎外表皮颜色	主茎内表皮颜色	地上生物量（斤）	单株鲜薯重（斤）	薯肉颜色	氰苷含量（μg/g）	块根的β-胡萝卜素含量（μg/g）	淀粉含量（%）	耐采后腐烂等级	叶片净光合速率[μmol/(m²·s)]
		（1 灰白色 2 灰绿色 3 灰黄色 4 黄褐色 5 中等褐色 6 红褐色 7 深褐色）									
53	MS000296	7	3	5.44	2.50	白	88.19	0.09	29.21	4	17.25

MS000300 木薯

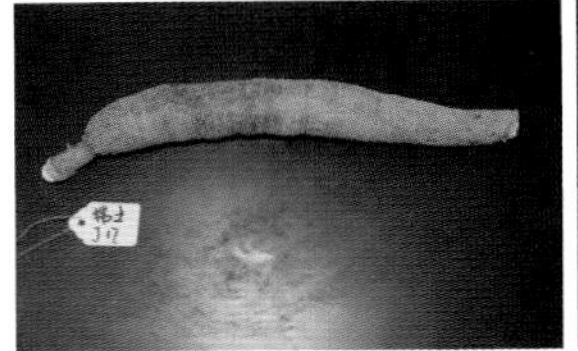
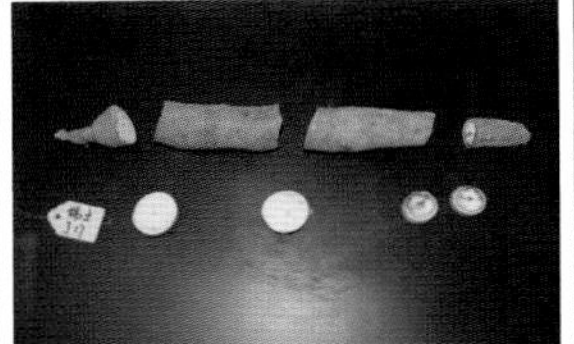

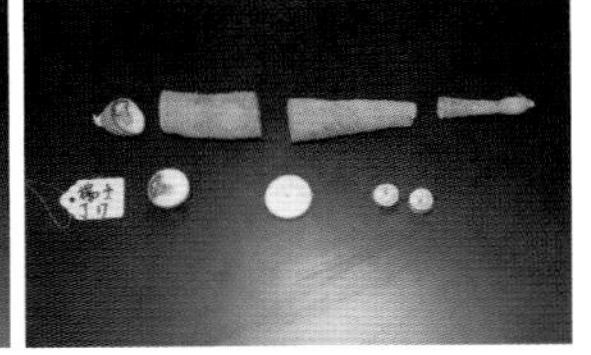

资源编号	资源名称	株高（cm）	主茎高（cm）	分枝长度（cm）	分枝数（个）	分枝角度（°）	株型（1 直立 2 紧凑 3 伞形）	株型（分杈 1 低 2 中 3 高）	节间密度（个 / 50 cm）	块根表皮（1 光滑 2 粗糙）	块根缢痕（1 无 2 有）	主茎粗（cm）
286	MS000300	214.50	31.50	97.50	2	48.80	3	1	16.00	2	2	2.45

资源编号	资源名称	主茎外表皮颜色	主茎内表皮颜色	地上生物量（斤）	单株鲜薯重（斤）	薯肉颜色	氰苷含量（μg/g）	块根的β-胡萝卜素含量（μg/g）	淀粉含量（%）	耐采后腐烂等级	叶片净光合速率[μmol/(m²·s)]
		（1 灰白色 2 灰绿色 3 灰黄色 4 黄褐色 5 中等褐色 6 红褐色 7 深褐色）									
286	MS000300	5	3	2.20	3.29	白	26.80	0.13	40.69	4	11.62

MS000304 木薯

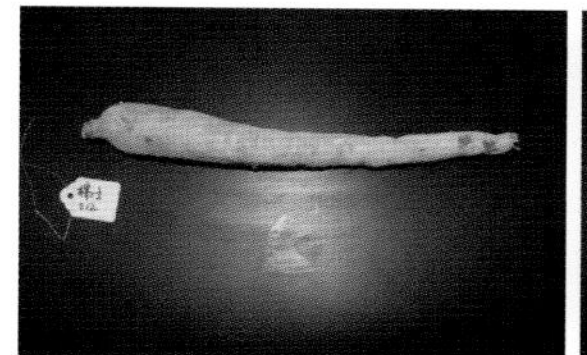
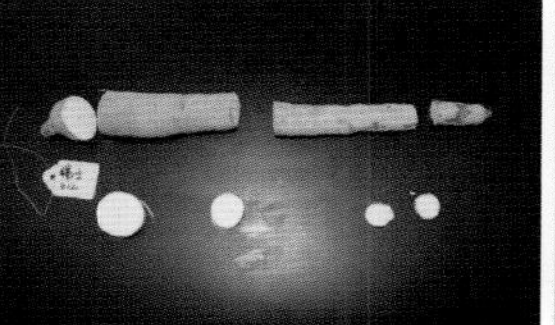
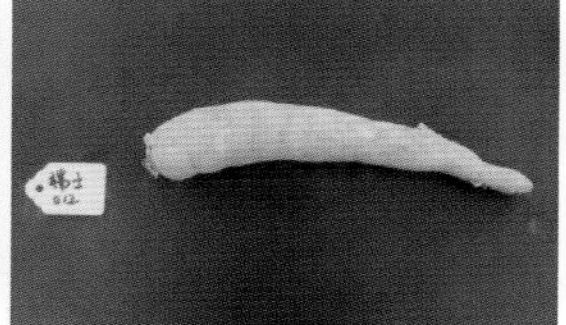
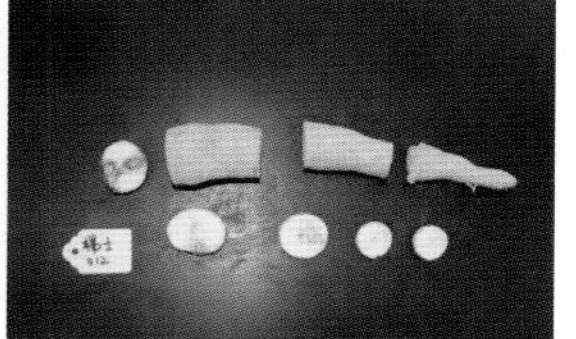

资源编号	资源名称	株高（cm）	主茎高（cm）	分枝长度（cm）	分枝数（个）	分枝角度（°）	株型（1 直立 2 紧凑 3 伞形）	株型（分杈 1 低 2 中 3 高）	节间密度（个 / 50 cm）	块根表皮（1 光滑 2 粗糙）	块根缢痕（1 无 2 有）	主茎粗（cm）
46	MS000304	188.80	103.00	77.50	3	37.50	2	3	14.29	1	1	2.18

资源编号	资源名称	主茎外表皮颜色	主茎内表皮颜色	地上生物量（斤）	单株鲜薯重（斤）	薯肉颜色	氰苷含量（μg/g）	块根的β-胡萝卜素含量（μg/g）	淀粉含量（%）	耐采后腐烂等级	叶片净光合速率[μmol/(m²·s)]
		（1 灰白色 2 灰绿色 3 灰黄色 4 黄褐色 5 中等褐色 6 红褐色 7 深褐色）									
46	MS000304	1	3	2.80	2.70	白	54.56	0.20	36.09	4	16.82

MS000310 木薯

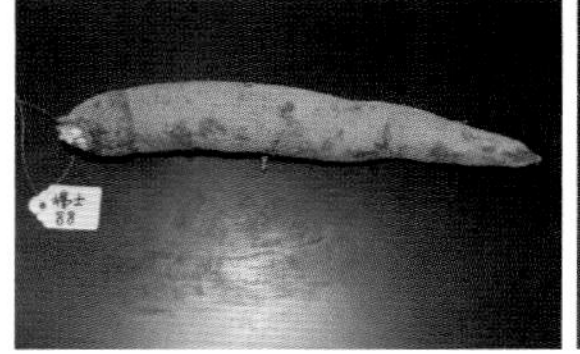
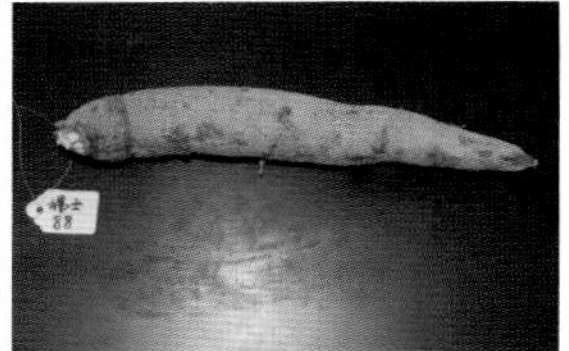
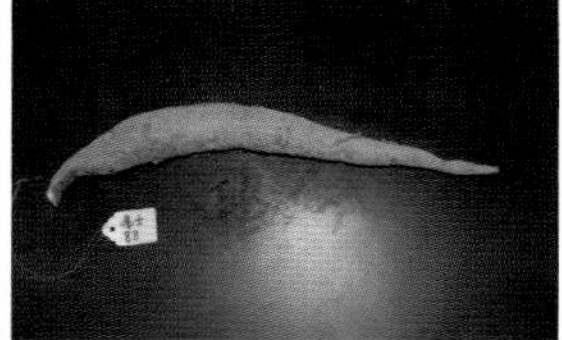
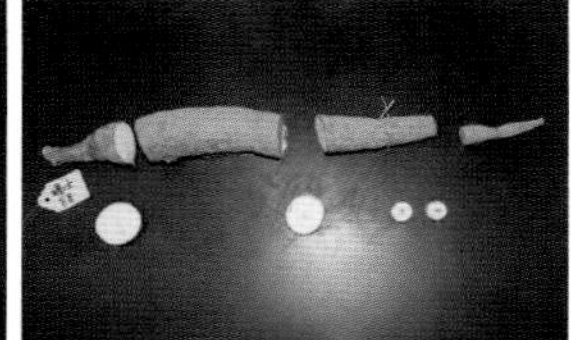

资源编号	资源名称	株高（cm）	主茎高（cm）	分枝长度（cm）	分枝数（个）	分枝角度（°）	株型（1 直立 2 紧凑 3 伞形）	株型（分杈 1 低 2 中 3 高）	节间密度（个 / 50 cm）	块根表皮（1 光滑 2 粗糙）	块根缢痕（1 无 2 有）	主茎粗（cm）
90	MS000310	247.75	192.00	55.50	3	37.50	3	1	14.39	2	2	3.33

资源编号	资源名称	主茎外表皮颜色	主茎内表皮颜色	地上生物量（斤）	单株鲜薯重（斤）	薯肉颜色	氰苷含量（μg/g）	块根的β-胡萝卜素含量（μg/g）	淀粉含量（%）	耐采后腐烂等级	叶片净光合速率[μmol/(m²·s)]
		（1 灰白色 2 灰绿色 3 灰黄色 4 黄褐色 5 中等褐色 6 红褐色 7 深褐色）									
90	MS000310	7	3	6.04	4.56	白	51.51	0.21	31.76	4	18.08

MS000311 木薯

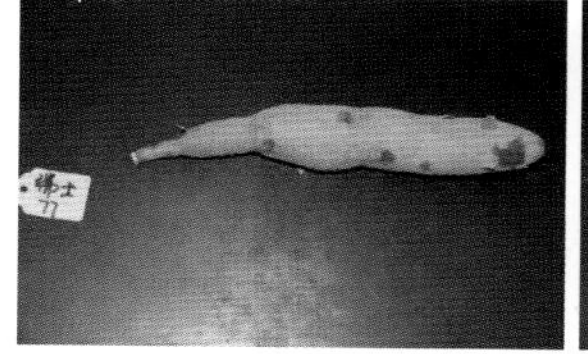
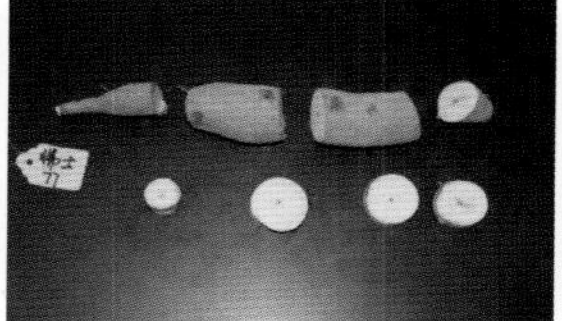
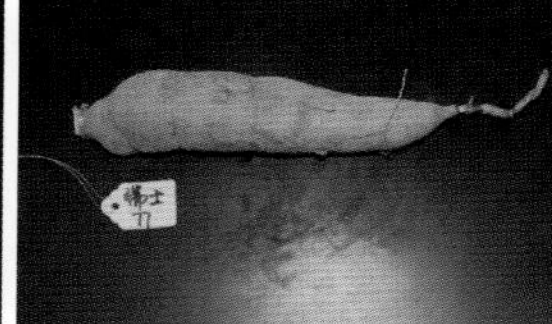
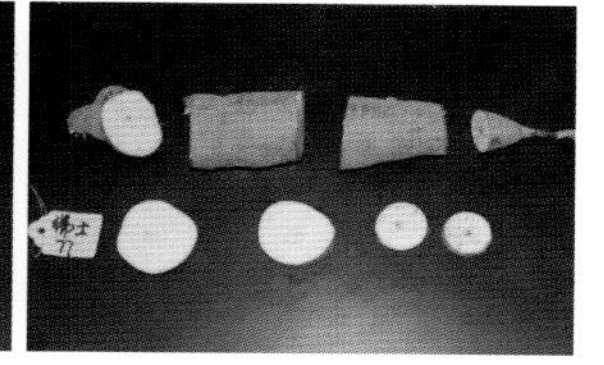

资源编号	资源名称	株高（cm）	主茎高（cm）	分枝长度（cm）	分枝数（个）	分枝角度（°）	株型（1 直立 2 紧凑 3 伞形）	株型（分杈 1 低 2 中 3 高）	节间密度（个 / 50 cm）	块根表皮（1 光滑 2 粗糙）	块根缢痕（1 无 2 有）	主茎粗（cm）
130	MS000311	237.40	123.20	93.80	3	35	3	3	15.24	2	1	2.54

资源编号	资源名称	主茎外表皮颜色	主茎内表皮颜色	地上生物量（斤）	单株鲜薯重（斤）	薯肉颜色	氰苷含量（μg/g）	块根的β-胡萝卜素含量（μg/g）	淀粉含量（%）	耐采后腐烂等级	叶片净光合速率[μmol/(m²·s)]
		（1 灰白色 2 灰绿色 3 灰黄色 4 黄褐色 5 中等褐色 6 红褐色 7 深褐色）									
130	MS000311	5	2	5.52	1.74	浅黄	47.45	0.11	23.44	1	18.65

MS000312 木薯

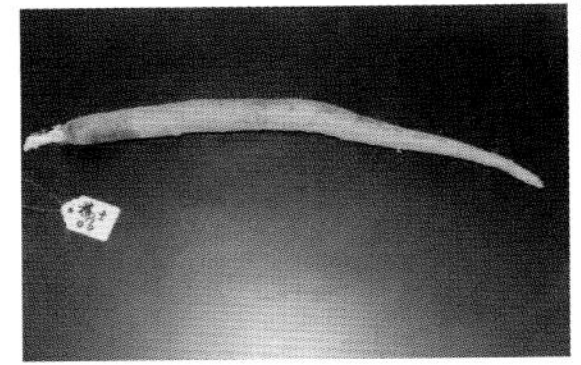
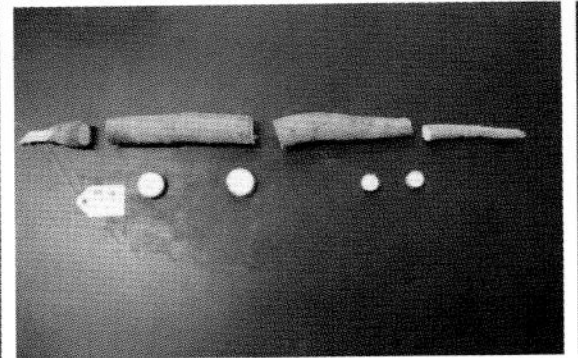
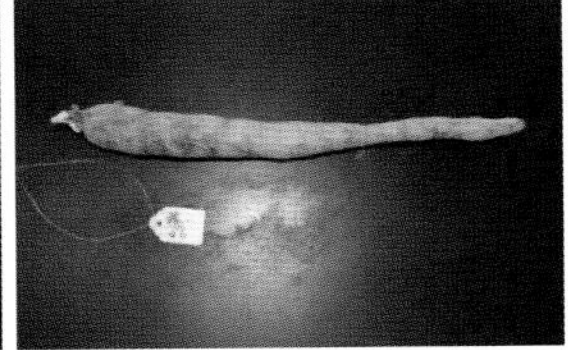
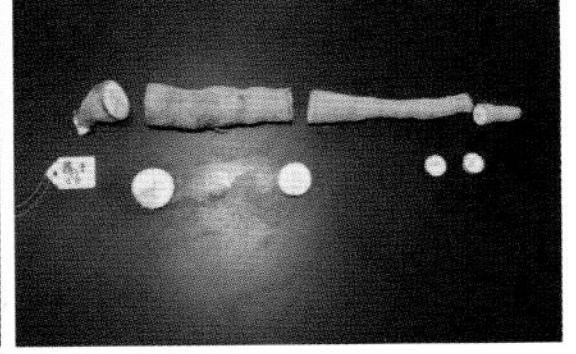

资源编号	资源名称	株高（cm）	主茎高（cm）	分枝长度（cm）	分枝数（个）	分枝角度（°）	株型（1 直立 2 紧凑 3 伞形）	株型（分杈 1 低 2 中 3 高）	节间密度（个/50 cm）	块根表皮（1 光滑 2 粗糙）	块根缢痕（1 无 2 有）	主茎粗（cm）
101	MS000312	214.20	81.60	104.20	4	52	3	2	14.29	2	2	2.94

资源编号	资源名称	主茎外表皮颜色	主茎内表皮颜色	地上生物量（斤）	单株鲜薯重（斤）	薯肉颜色	氰苷含量（μg/g）	块根的β-胡萝卜素含量（μg/g）	淀粉含量（%）	耐采后腐烂等级	叶片净光合速率[μmol/(m²·s)]
		（1 灰白色 2 灰绿色 3 灰黄色 4 黄褐色 5 中等褐色 6 红褐色 7 深褐色）									
101	MS000312	7	3	5.60	4.63	白	88.59	0.14	40.51	3	18.07

MS000315 木薯

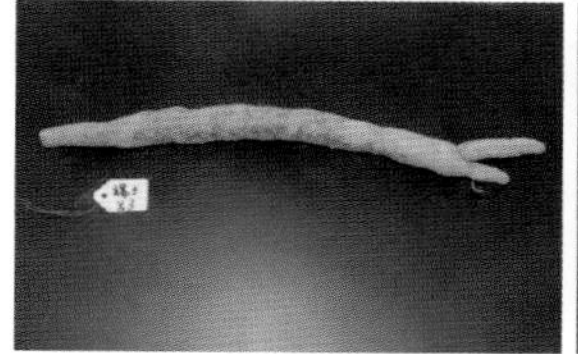
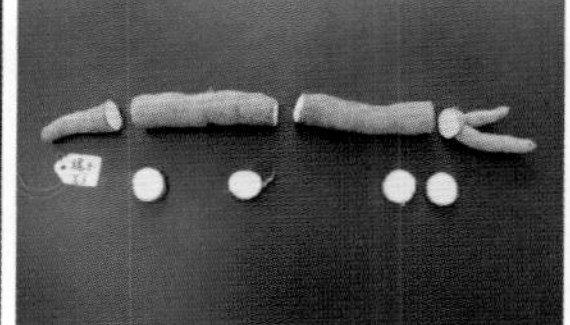
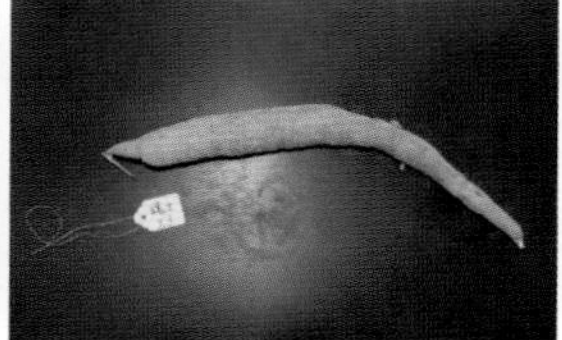
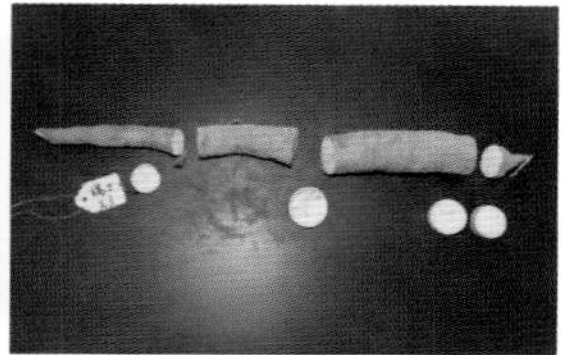

资源编号	资源名称	株高（cm）	主茎高（cm）	分枝长度（cm）	分枝数（个）	分枝角度（°）	株型（1 直立 2 紧凑 3 伞形）	株型（分杈 1 低 2 中 3 高）	节间密度（个 / 50 cm）	块根表皮（1 光滑 2 粗糙）	块根缢痕（1 无 2 有）	主茎粗（cm）
122	MS000315	224.00	67.80	117.30	3	38.80	3	2	16.13	2	2	2.80

资源编号	资源名称	主茎外表皮颜色	主茎内表皮颜色	地上生物量（斤）	单株鲜薯重（斤）	薯肉颜色	氰苷含量（μg/g）	块根的β-胡萝卜素含量（μg/g）	淀粉含量（%）	耐采后腐烂等级	叶片净光合速率[μmol/(m²·s)]
		（1 灰白色 2 灰绿色 3 灰黄色 4 黄褐色 5 中等褐色 6 红褐色 7 深褐色）									
122	MS000315	3	1	4.40	3.69	白	15.87	3.08	40.78	3	15.94

MS000344 木薯

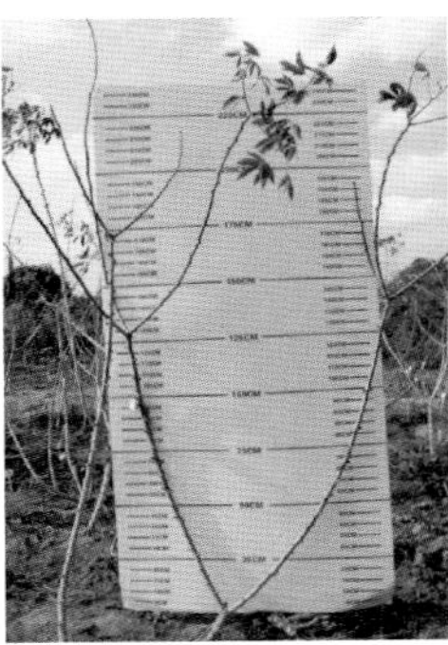

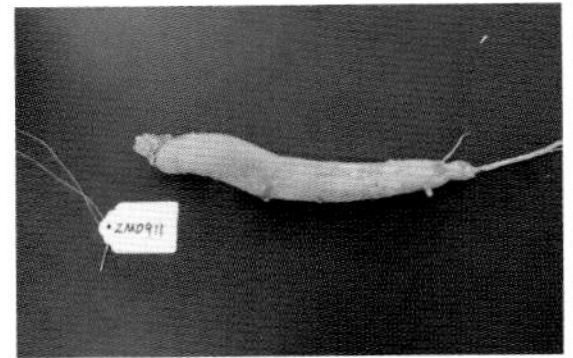
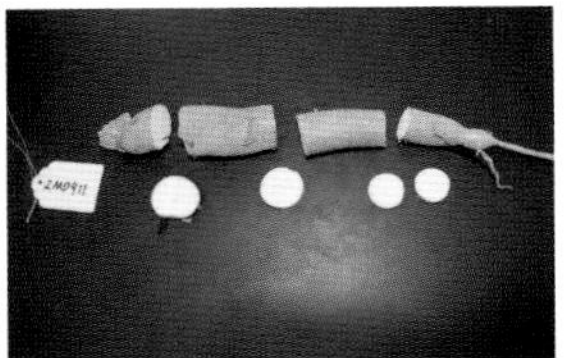

资源编号	资源名称	株高（cm）	主茎高（cm）	分枝长度（cm）	分枝数（个）	分枝角度（°）	株型（1 直立 2 紧凑 3 伞形）	株型（分杈 1 低 2 中 3 高）	节间密度（个 / 50 cm）	块根表皮（1 光滑 2 粗糙）	块根缢痕（1 无 2 有）	主茎粗（cm）
32	MS000344	277.25	95.50	146.50	3	56.30	3	2	14.29	2	2	3.58

资源编号	资源名称	主茎外表皮颜色	主茎内表皮颜色	地上生物量（斤）	单株鲜薯重（斤）	薯肉颜色	氰苷含量（μg/g）	块根的β-胡萝卜素含量（μg/g）	淀粉含量（%）	耐采后腐烂等级	叶片净光合速率[μmol/(m²·s)]
		（1 灰白色 2 灰绿色 3 灰黄色 4 黄褐色 5 中等褐色 6 红褐色 7 深褐色）									
32	MS000344	1	3	7.06	6.14	白	21.07	0.16	29.11	3	15.84

MS000346 木薯

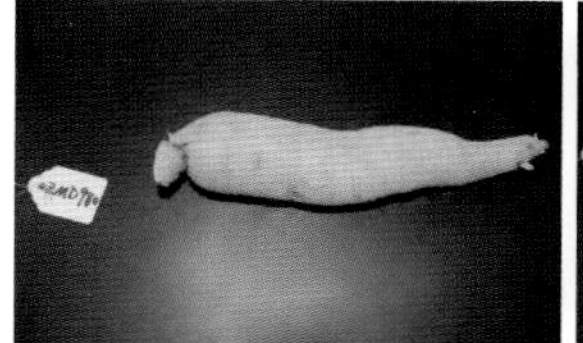
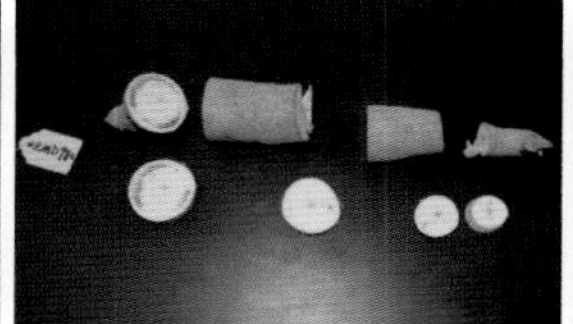
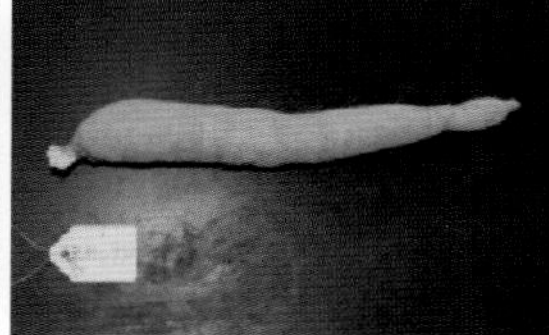
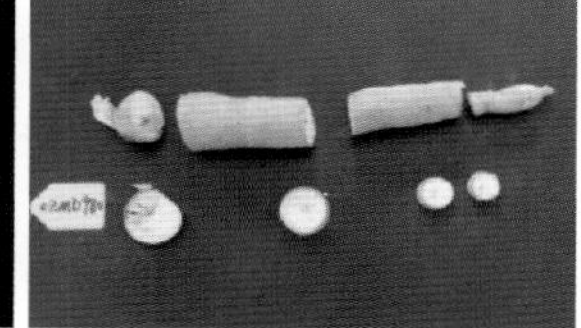

资源编号	资源名称	株高（cm）	主茎高（cm）	分枝长度（cm）	分枝数（个）	分枝角度（°）	株型（1 直立 2 紧凑 3 伞形）	株型（分杈 1 低 2 中 3 高）	节间密度（个 / 50 cm）	块根表皮（1 光滑 2 粗糙）	块根缢痕（1 无 2 有）	主茎粗（cm）
11	MS000346	223.50	201.00	23.33	2	30	1	3	15.63	2	2	2.48

资源编号	资源名称	主茎外表皮颜色	主茎内表皮颜色	地上生物量（斤）	单株鲜薯重（斤）	薯肉颜色	氰苷含量（μg/g）	块根的β-胡萝卜素含量（μg/g）	淀粉含量（%）	耐采后腐烂等级	叶片净光合速率[μmol/(m²·s)]
		（1 灰白色 2 灰绿色 3 灰黄色 4 黄褐色 5 中等褐色 6 红褐色 7 深褐色）									
11	MS000346	1	2	6.10	2.842	白	89.74	0.20	27.91	4	15.69

MS000359 木薯

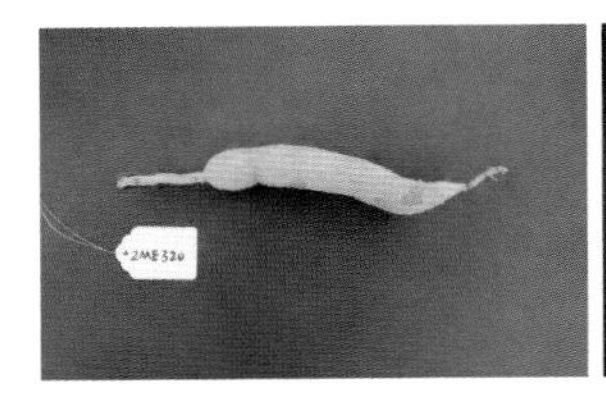

资源编号	资源名称	株高（cm）	主茎高（cm）	分枝长度（cm）	分枝数（个）	分枝角度（°）	株型（1 直立 2 紧凑 3 伞形）	株型（分杈 1 低 2 中 3 高）	节间密度（个 / 50 cm）	块根表皮（1 光滑 2 粗糙）	块根缢痕（1 无 2 有）	主茎粗（cm）
114	MS000359	297.00	65.00	108.00	3	45	3	1	13.16	2	1	3

资源编号	资源名称	主茎外表皮颜色	主茎内表皮颜色	地上生物量（斤）	单株鲜薯重（斤）	薯肉颜色	氰苷含量（μg/g）	块根的β-胡萝卜素含量（μg/g）	淀粉含量（%）	耐采后腐烂等级	叶片净光合速率[μmol/(m²·s)]
		（1 灰白色 2 灰绿色 3 灰黄色 4 黄褐色 5 中等褐色 6 红褐色 7 深褐色）									
114	MS000359	3	1	6.64	0.43	白	112.02	0.14	16.13	2	17.26

MS000377 木薯

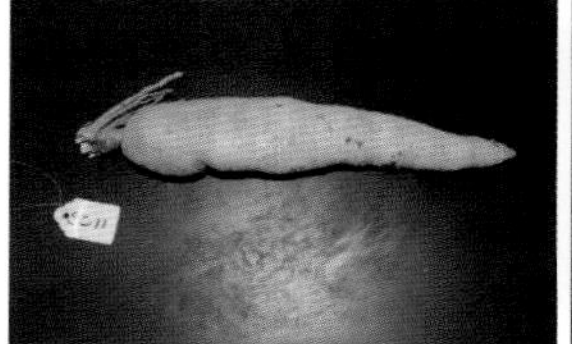
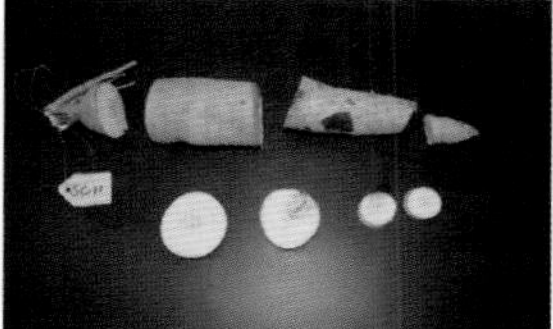
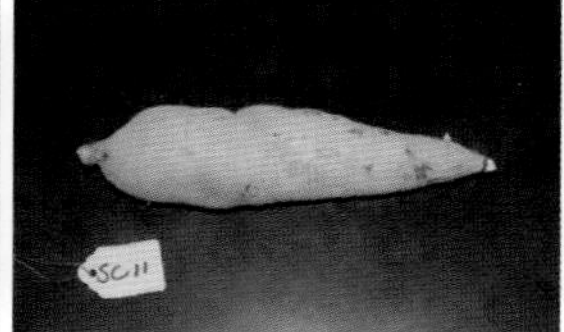

资源编号	资源名称	株高（cm）	主茎高（cm）	分枝长度（cm）	分枝数（个）	分枝角度（°）	株型（1 直立 2 紧凑 3 伞形）	株型（分杈 1 低 2 中 3 高）	节间密度（个 / 50 cm）	块根表皮（1 光滑 2 粗糙）	块根缢痕（1 无 2 有）	主茎粗（cm）
3	MS000377	135.40	135.40	51.00	2	51	1	3	11.76	1	1	1.70

资源编号	资源名称	主茎外表皮颜色	主茎内表皮颜色	地上生物量（斤）	单株鲜薯重（斤）	薯肉颜色	氰苷含量（μg/g）	块根的β-胡萝卜素含量（μg/g）	淀粉含量（%）	耐采后腐烂等级	叶片净光合速率[μmol/(m²·s)]
		（1 灰白色 2 灰绿色 3 灰黄色 4 黄褐色 5 中等褐色 6 红褐色 7 深褐色）									
3	MS000377	2	1	2.03	2.88	白	517.91	0.08	19.10	4	17.40

MS000379 木薯

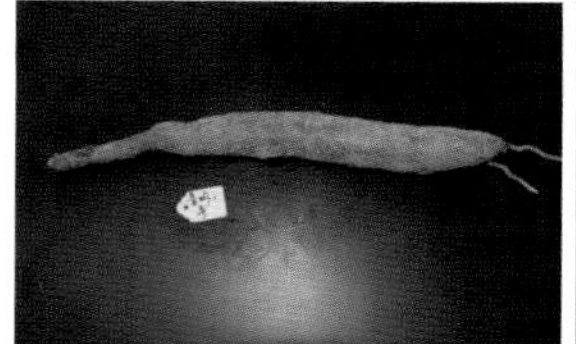
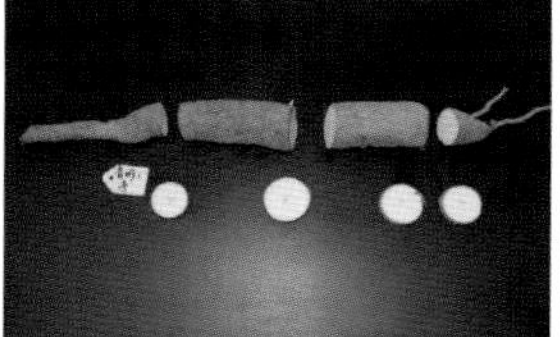
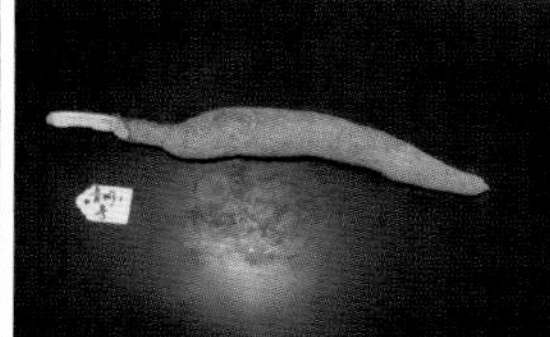
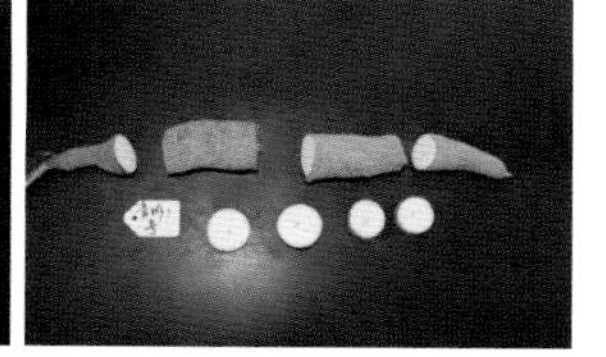

资源编号	资源名称	株高（cm）	主茎高（cm）	分枝长度（cm）	分枝数（个）	分枝角度（°）	株型（1 直立 2 紧凑 3 伞形）	株型（分杈 1 低 2 中 3 高）	节间密度（个 / 50 cm）	块根表皮（1 光滑 2 粗糙）	块根缢痕（1 无 2 有）	主茎粗（cm）
129	MS000379	303.50	104.00	113.50	3	36.30	3	2	17.86	2	1	3.08

资源编号	资源名称	主茎外表皮颜色	主茎内表皮颜色	地上生物量（斤）	单株鲜薯重（斤）	薯肉颜色	氰苷含量（μg/g）	块根的β-胡萝卜素含量（μg/g）	淀粉含量（%）	耐采后腐烂等级	叶片净光合速率[μmol/(m²·s)]
		（1 灰白色 2 灰绿色 3 灰黄色 4 黄褐色 5 中等褐色 6 红褐色 7 深褐色）									
129	MS000379	5	3	5.66	2.90	白	25.29	0.16	29.82	3	19.17

MS000387 木薯

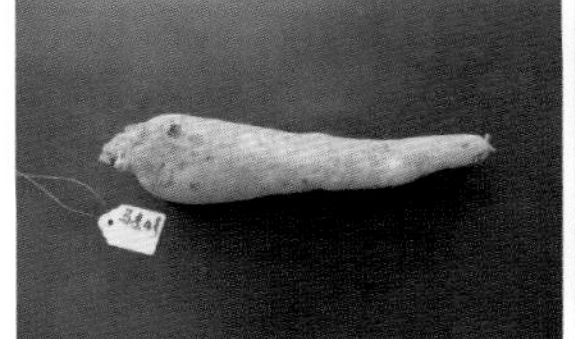
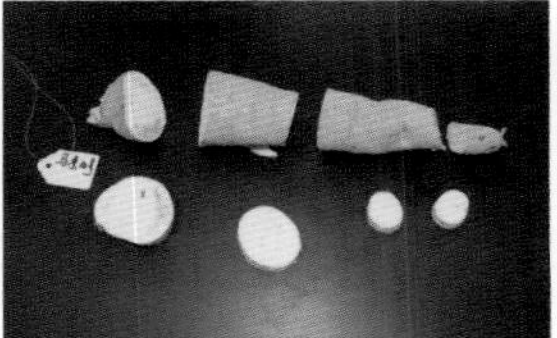
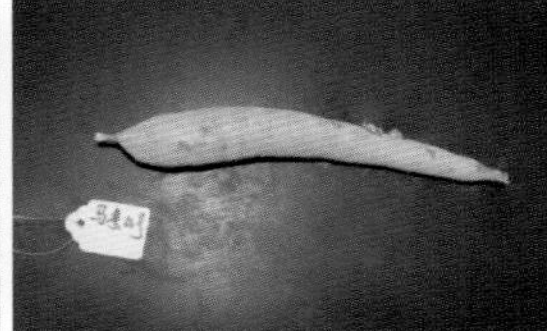
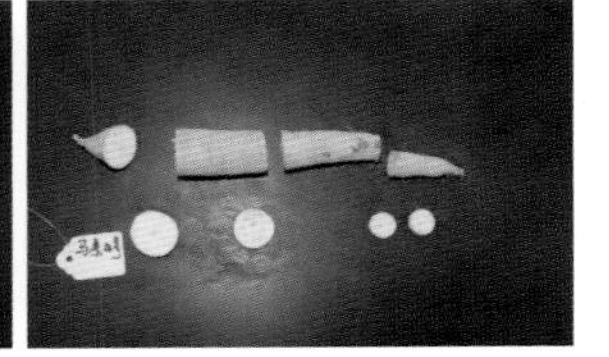

资源编号	资源名称	株高（cm）	主茎高（cm）	分枝长度（cm）	分枝数（个）	分枝角度（°）	株型（1 直立 2 紧凑 3 伞形）	株型（分杈 1 低 2 中 3 高）	节间密度（个 / 50 cm）	块根表皮（1 光滑 2 粗糙）	块根缢痕（1 无 2 有）	主茎粗（cm）
121	MS000387	288.60	229.00	101.50	3	40	2	3	13.89	1	2	2.64

资源编号	资源名称	主茎外表皮颜色	主茎内表皮颜色	地上生物量（斤）	单株鲜薯重（斤）	薯肉颜色	氰苷含量（μg/g）	块根的β-胡萝卜素含量（μg/g）	淀粉含量（%）	耐采后腐烂等级	叶片净光合速率[μmol/(m²·s)]
		（1 灰白色 2 灰绿色 3 灰黄色 4 黄褐色 5 中等褐色 6 红褐色 7 深褐色）									
121	MS000387	2	1	5.70	3.49	白	20.48	0.10	26.82	4	15.42

MS000388 木薯

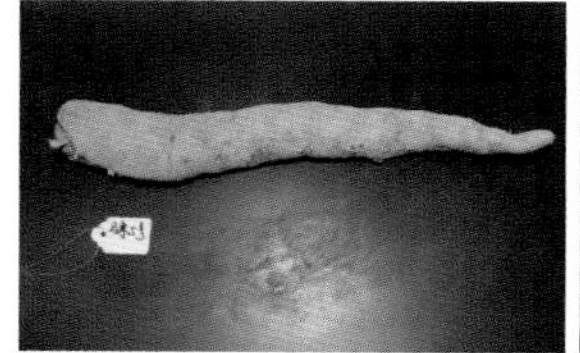
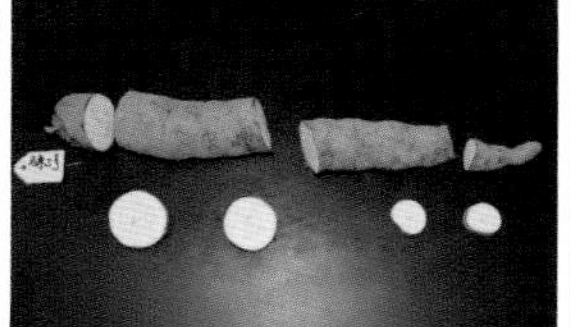
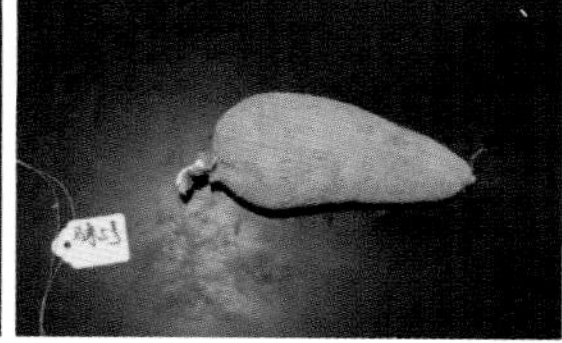
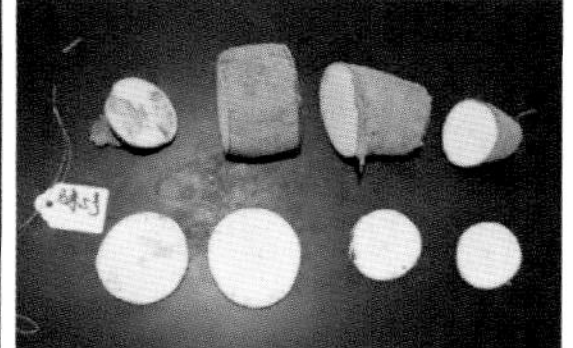

资源编号	资源名称	株高（cm）	主茎高（cm）	分枝长度（cm）	分枝数（个）	分枝角度（°）	株型（1 直立 2 紧凑 3 伞形）	株型（分杈 1 低 2 中 3 高）	节间密度（个 / 50 cm）	块根表皮（1 光滑 2 粗糙）	块根缢痕（1 无 2 有）	主茎粗（cm）
30	MS000388	248.50	192.00	56.50	3	50	3	3	14.49	2	2	3.05

资源编号	资源名称	主茎外表皮颜色	主茎内表皮颜色	地上生物量（斤）	单株鲜薯重（斤）	薯肉颜色	氰苷含量（μg/g）	块根的β-胡萝卜素含量（μg/g）	淀粉含量（%）	耐采后腐烂等级	叶片净光合速率［μmol/(m²·s)］
		（1 灰白色 2 灰绿色 3 灰黄色 4 黄褐色 5 中等褐色 6 红褐色 7 深褐色）									
30	MS000388	6	2	5.62	3.58	白	72.20	0.18	31.47	4	16.72

MS000416 木薯

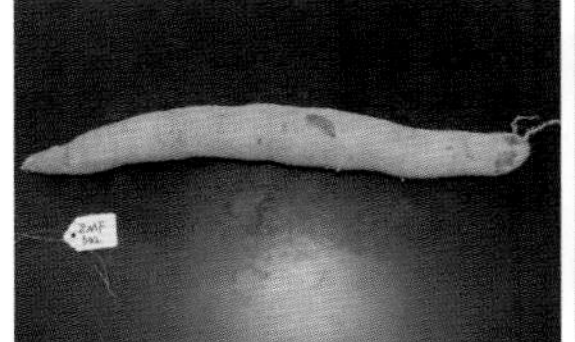
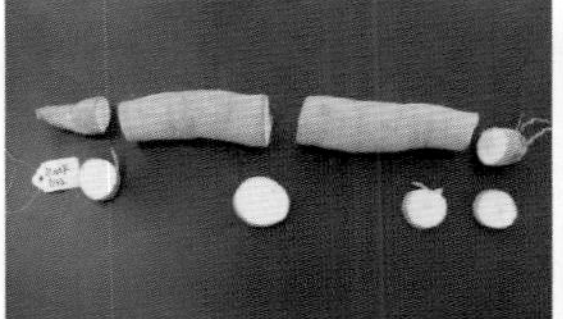
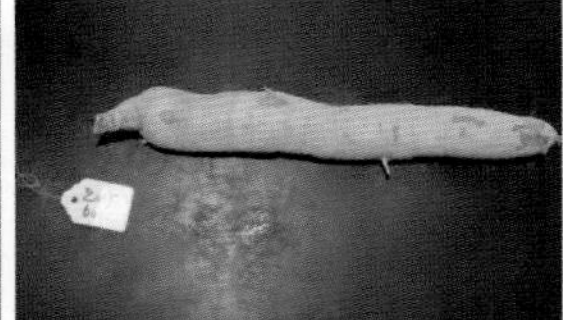

资源编号	资源名称	株高（cm）	主茎高（cm）	分枝长度（cm）	分枝数（个）	分枝角度（°）	株型（1 直立 2 紧凑 3 伞形）	株型（分杈 1 低 2 中 3 高）	节间密度（个/50 cm）	块根表皮（1 光滑 2 粗糙）	块根缢痕（1 无 2 有）	主茎粗（cm）
85	MS000416	272.80	185.00	87.60	3	32	3	3	14.62	1	1	2.58

资源编号	资源名称	主茎外表皮颜色	主茎内表皮颜色	地上生物量（斤）	单株鲜薯重（斤）	薯肉颜色	氰苷含量（μg/g）	块根的β-胡萝卜素含量（μg/g）	淀粉含量（%）	耐采后腐烂等级	叶片净光合速率[μmol/(m²·s)]
		（1 灰白色 2 灰绿色 3 灰黄色 4 黄褐色 5 中等褐色 6 红褐色 7 深褐色）									
85	MS000416	2	3	2.12	3.80	白	82.39	0.32	33.75	3	18.99

MS000427 木薯

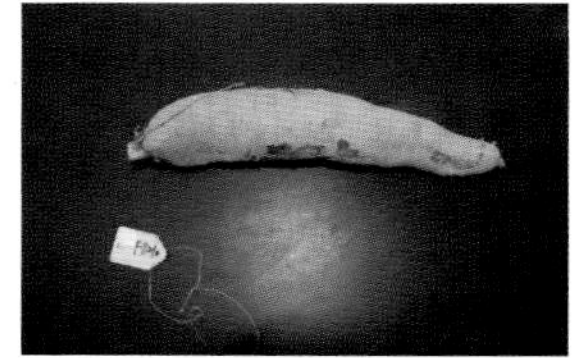
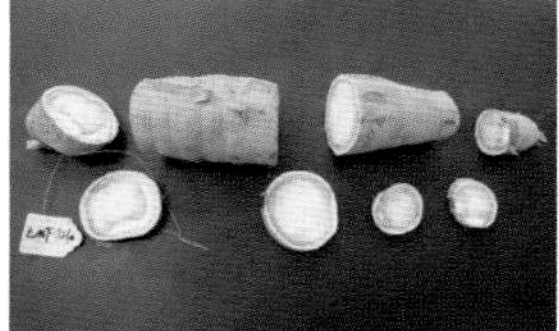
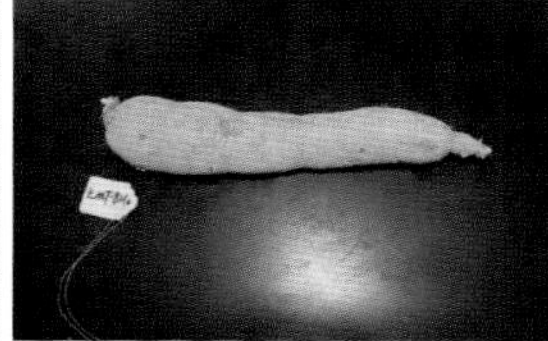
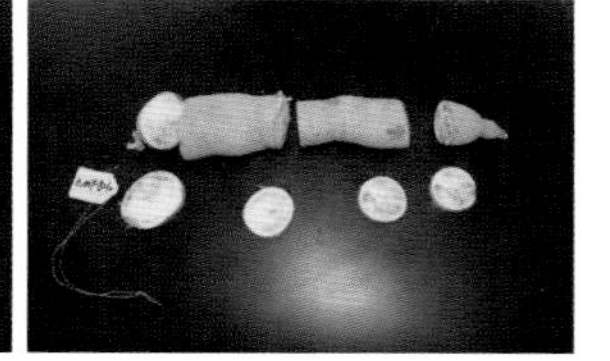

资源编号	资源名称	株高（cm）	主茎高（cm）	分枝长度（cm）	分枝数（个）	分枝角度（°）	株型（1 直立 2 紧凑 3 伞形）	株型（分杈 1 低 2 中 3 高）	节间密度（个/50 cm）	块根表皮（1 光滑 2 粗糙）	块根缢痕（1 无 2 有）	主茎粗（cm）
59	MS000427	325.00	286.00	160.00	4	55	2	2	18.12	1	1	2.54

资源编号	资源名称	主茎外表皮颜色	主茎内表皮颜色	地上生物量（斤）	单株鲜薯重（斤）	薯肉颜色	氰苷含量（μg/g）	块根的β-胡萝卜素含量（μg/g）	淀粉含量（%）	耐采后腐烂等级	叶片净光合速率[μmol/(m²·s)]
		（1 灰白色 2 灰绿色 3 灰黄色 4 黄褐色 5 中等褐色 6 红褐色 7 深褐色）									
59	MS000427	3	3	6.50	2.15	白	175.10	0.14	36.84	4	16.44

MS000436 木薯

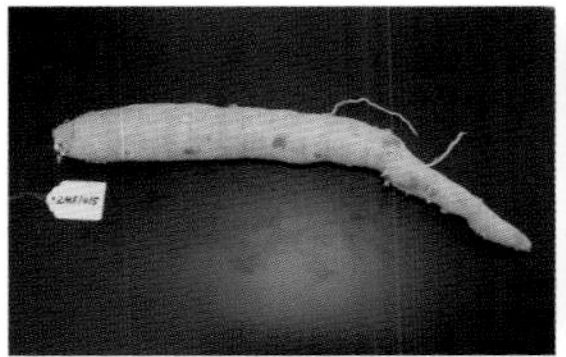
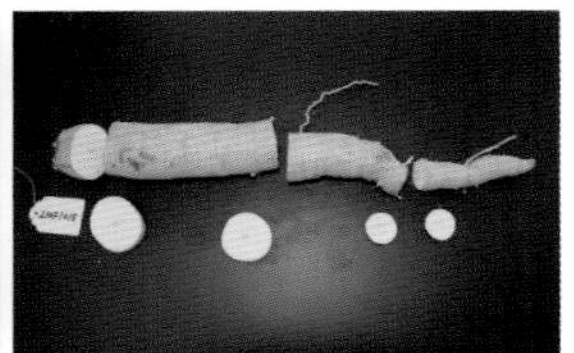

资源编号	资源名称	株高（cm）	主茎高（cm）	分枝长度（cm）	分枝数（个）	分枝角度（°）	株型（1 直立 2 紧凑 3 伞形）	株型（分杈 1 低 2 中 3 高）	节间密度（个 / 50 cm）	块根表皮（1 光滑 2 粗糙）	块根缢痕（1 无 2 有）	主茎粗（cm）
52	MS000436	223.40	85.20	113.50	3	43.80	2	1	17.61	1	2	2.66

资源编号	资源名称	主茎外表皮颜色	主茎内表皮颜色	地上生物量（斤）	单株鲜薯重（斤）	薯肉颜色	氰苷含量（μg/g）	块根的β-胡萝卜素含量（μg/g）	淀粉含量（%）	耐采后腐烂等级	叶片净光合速率[μmol/(m²·s)]
		（1 灰白色 2 灰绿色 3 灰黄色 4 黄褐色 5 中等褐色 6 红褐色 7 深褐色）									
52	MS000436	1	1	7.60	6.26	白	5.15	0.28	34.59	4	15.97

MS000441 木薯

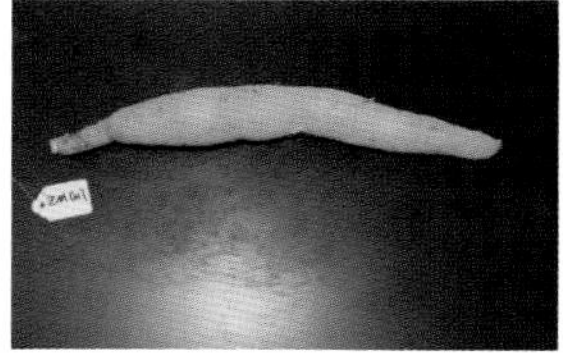
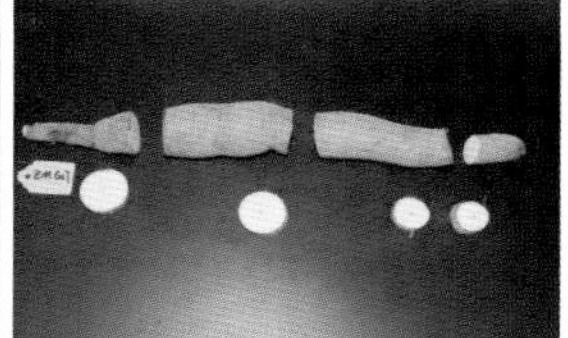
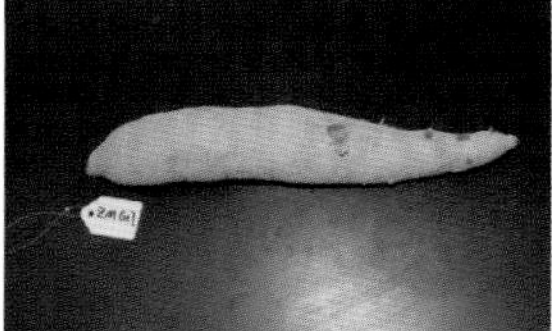
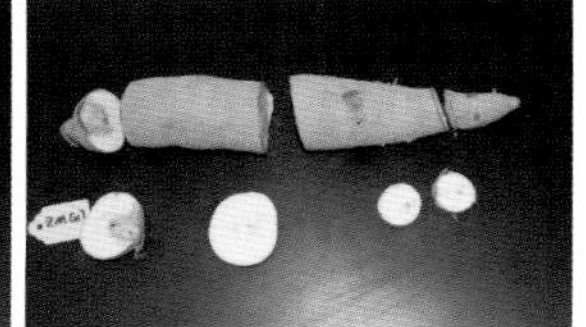

资源编号	资源名称	株高（cm）	主茎高（cm）	分枝长度（cm）	分枝数（个）	分枝角度（°）	株型（1 直立 2 紧凑 3 伞形）	株型（分杈 1 低 2 中 3 高）	节间密度（个 / 50 cm）	块根表皮（1 光滑 2 粗糙）	块根缢痕（1 无 2 有）	主茎粗（cm）
41	MS000441	279.50	112.00	122.00	4	46.30	3	2	15.50	1	2	3.15

资源编号	资源名称	主茎外表皮颜色	主茎内表皮颜色	地上生物量（斤）	单株鲜薯重（斤）	薯肉颜色	氰苷含量（μg/g）	块根的β-胡萝卜素含量（μg/g）	淀粉含量（%）	耐采后腐烂等级	叶片净光合速率[μmol/(m²·s)]
		（1 灰白色 2 灰绿色 3 灰黄色 4 黄褐色 5 中等褐色 6 红褐色 7 深褐色）									
41	MS000441	5	3	8.70	4.17	白	30.09	0.12	33.92	4	16.63

MS000467 木薯

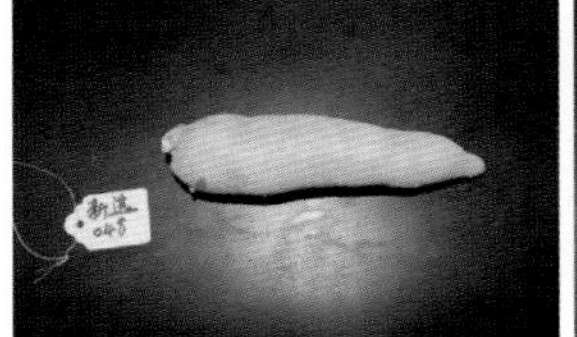
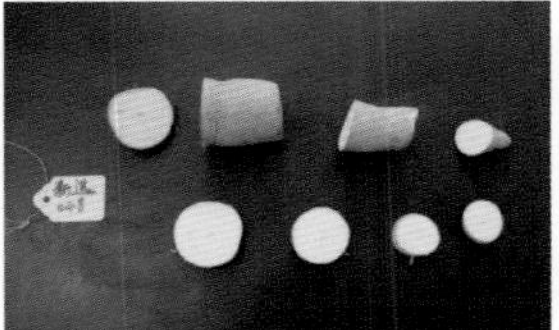
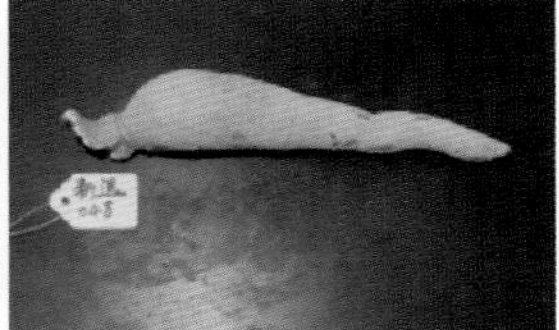

资源编号	资源名称	株高（cm）	主茎高（cm）	分枝长度（cm）	分枝数（个）	分枝角度（°）	株型（1 直立 2 紧凑 3 伞形）	株型（分杈 1 低 2 中 3 高）	节间密度（个 / 50 cm）	块根表皮（1 光滑 2 粗糙）	块根缢痕（1 无 2 有）	主茎粗（cm）
154	MS000467	207.25	207.00	50.00	2	49	2	1	18.25	1	2	2.67

资源编号	资源名称	主茎外表皮颜色	主茎内表皮颜色	地上生物量（斤）	单株鲜薯重（斤）	薯肉颜色	氰苷含量（μg/g）	块根的β-胡萝卜素含量（μg/g）	淀粉含量（%）	耐采后腐烂等级	叶片净光合速率[μmol/(m²·s)]
		（1 灰白色 2 灰绿色 3 灰黄色 4 黄褐色 5 中等褐色 6 红褐色 7 深褐色）									
154	MS000467	1	1	2.97	1.05	白	73.94	0.28	33.43	4	11.93

MS000470 木薯

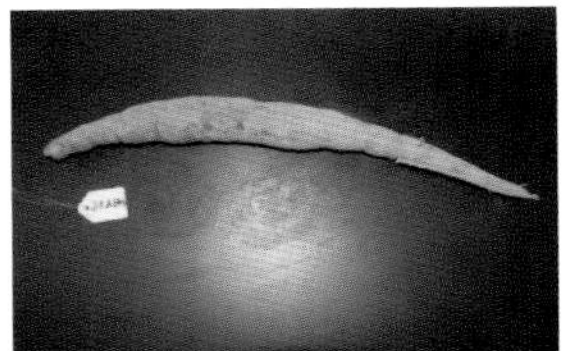
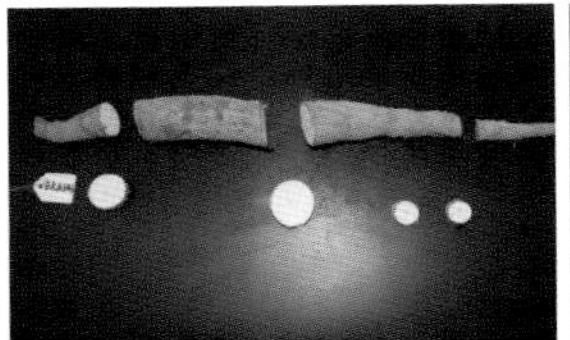
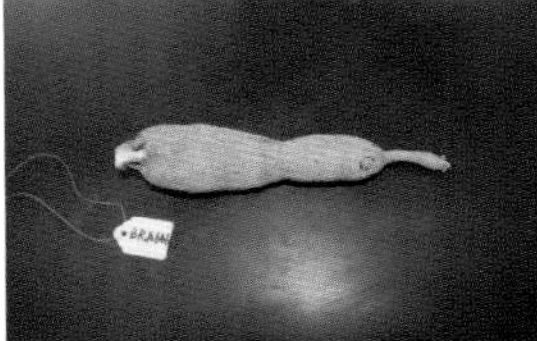
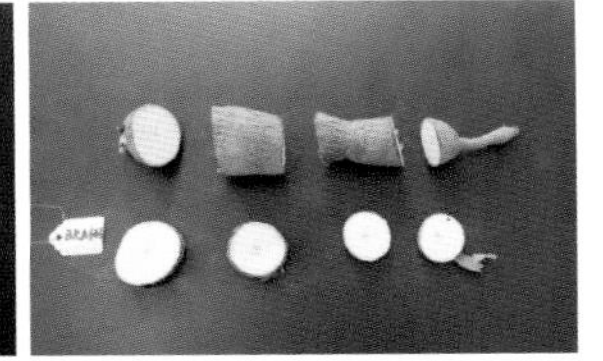

资源编号	资源名称	株高（cm）	主茎高（cm）	分枝长度（cm）	分枝数（个）	分枝角度（°）	株型（1直立 2紧凑 3伞形）	株型（分杈 1低 2中 3高）	节间密度（个/50 cm）	块根表皮（1光滑 2粗糙）	块根缢痕（1无 2有）	主茎粗（cm）
124	MS000470	283.60	283.60	0.00	3	50	1	1	18.94	2	1	2.42

资源编号	资源名称	主茎外表皮颜色	主茎内表皮颜色	地上生物量（斤）	单株鲜薯重（斤）	薯肉颜色	氰苷含量（μg/g）	块根的β-胡萝卜素含量（μg/g）	淀粉含量（%）	耐采后腐烂等级	叶片净光合速率[μmol/(m²·s)]
		（1灰白色 2灰绿色 3灰黄色 4黄褐色 5中等褐色 6红褐色 7深褐色）									
124	MS000470	7	3	4.58	4.40	白	8.88	0.13	33.44	3	15.52

MS000480 木薯

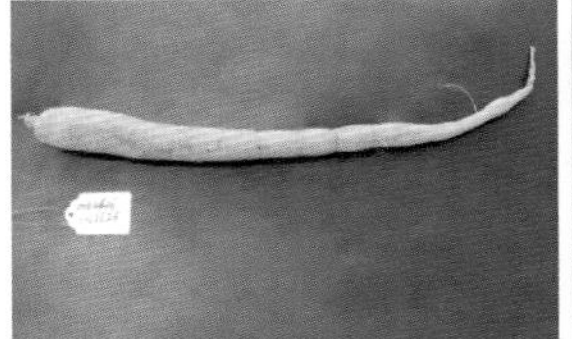
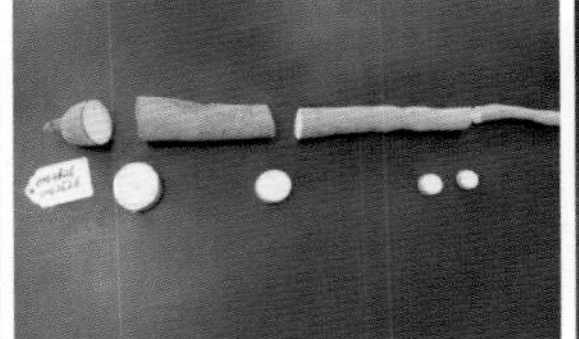
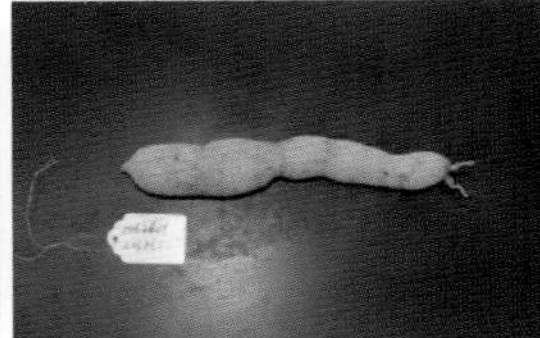
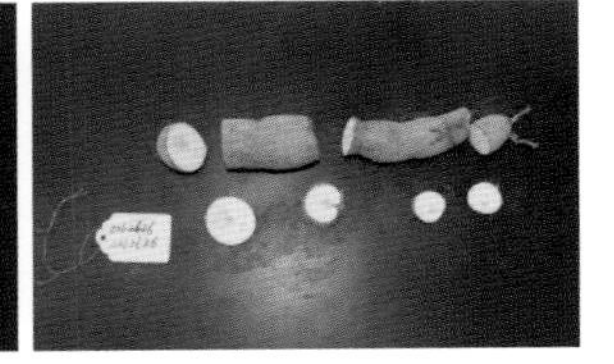

资源编号	资源名称	株高（cm）	主茎高（cm）	分枝长度（cm）	分枝数（个）	分枝角度（°）	株型（1直立 2紧凑 3伞形）	株型（分杈 1低 2中 3高）	节间密度（个/50 cm）	块根表皮（1光滑 2粗糙）	块根缢痕（1无 2有）	主茎粗（cm）
141	MS000480	299.00	117.00	121.00	3	38	3	2	15.43	2	1	2.02

资源编号	资源名称	主茎外表皮颜色	主茎内表皮颜色	地上生物量（斤）	单株鲜薯重（斤）	薯肉颜色	氰苷含量（μg/g）	块根的β-胡萝卜素含量（μg/g）	淀粉含量（%）	耐采后腐烂等级	叶片净光合速率[μmol/(m²·s)]
		（1灰白色 2灰绿色 3灰黄色 4黄褐色 5中等褐色 6红褐色 7深褐色）									
141	MS000480	4	1	2.70	1.12	白	7.91	0.22	33.48	4	16.60

MS000483 木薯

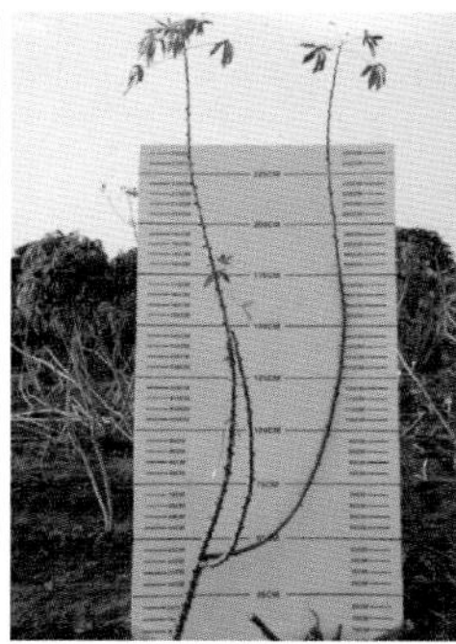

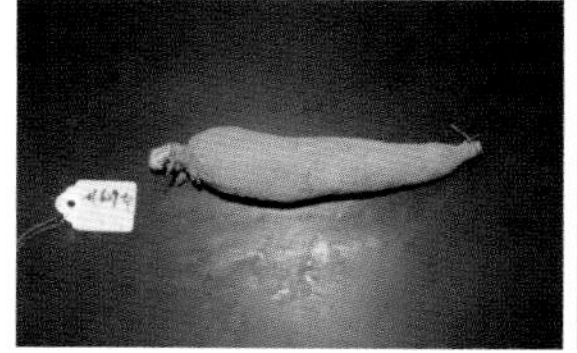
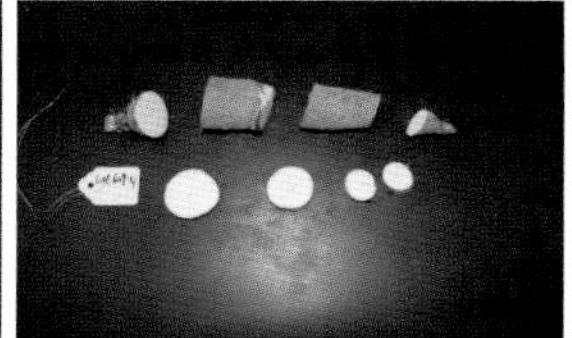
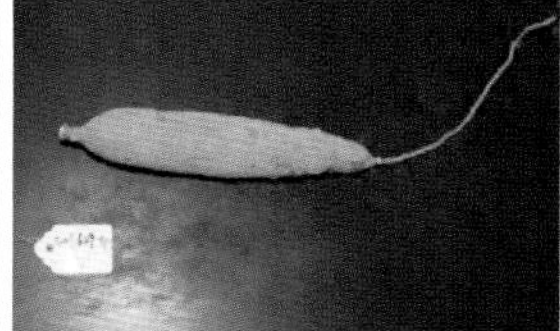
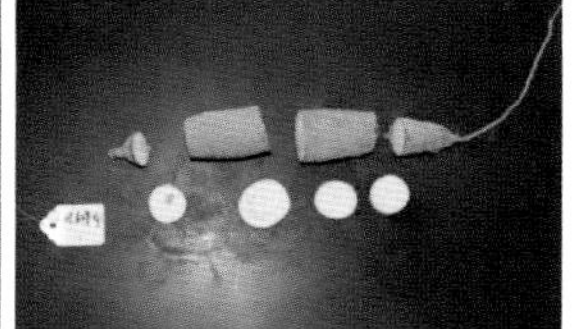

资源编号	资源名称	株高（cm）	主茎高（cm）	分枝长度（cm）	分枝数（个）	分枝角度（°）	株型（1 直立 2 紧凑 3 伞形）	株型（分杈 1 低 2 中 3 高）	节间密度（个/50 cm）	块根表皮（1 光滑 2 粗糙）	块根缢痕（1 无 2 有）	主茎粗（cm）
156	MS000483	274.00	262.00	131.00	3	41	2	1	15.72	2	1	2.98

资源编号	资源名称	主茎外表皮颜色	主茎内表皮颜色	地上生物量（斤）	单株鲜薯重（斤）	薯肉颜色	氰苷含量（μg/g）	块根的β-胡萝卜素含量（μg/g）	淀粉含量（%）	耐采后腐烂等级	叶片净光合速率[μmol/(m²·s)]
		（1 灰白色 2 灰绿色 3 灰黄色 4 黄褐色 5 中等褐色 6 红褐色 7 深褐色）									
156	MS000483	7	3	2.23	1.53	白	26.60	0.19	26.72	4	18.58

MS000485 木薯

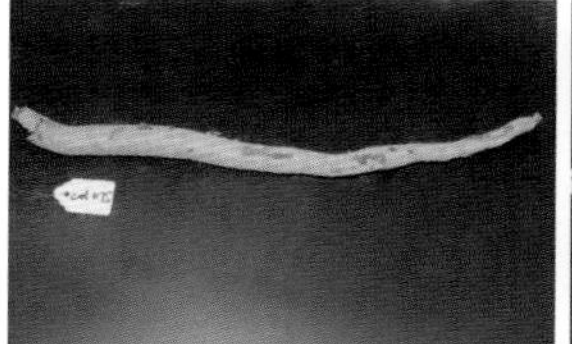
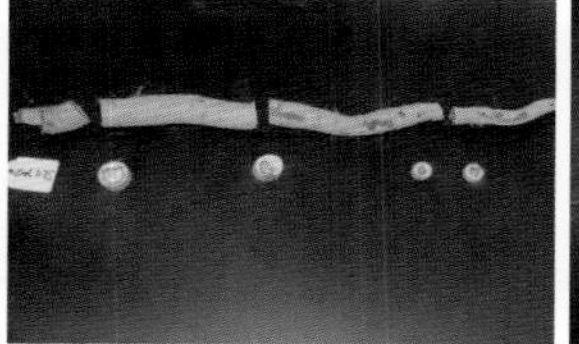
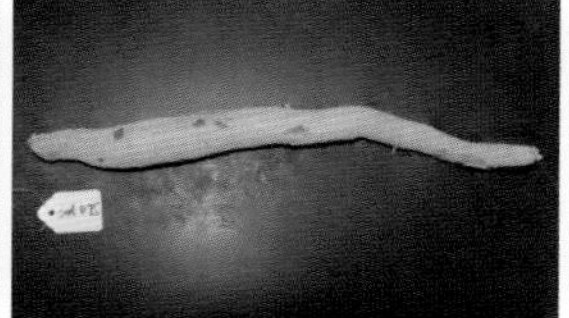
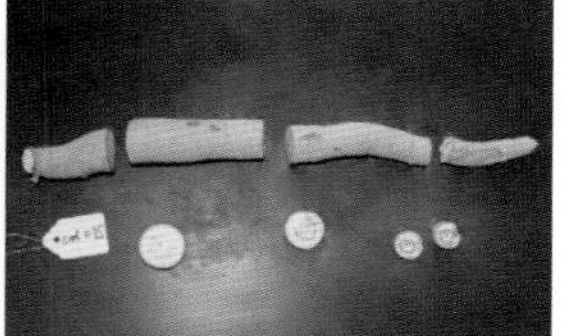

资源编号	资源名称	株高（cm）	主茎高（cm）	分枝长度（cm）	分枝数（个）	分枝角度（°）	株型（1 直立 2 紧凑 3 伞形）	株型（分杈 1 低 2 中 3 高）	节间密度（个 / 50 cm）	块根表皮（1 光滑 2 粗糙）	块根缢痕（1 无 2 有）	主茎粗（cm）
143	MS000485	290.00	152.00	119.40	3	49	3	2	20.16	2	1	2.22

资源编号	资源名称	主茎外表皮颜色	主茎内表皮颜色	地上生物量（斤）	单株鲜薯重（斤）	薯肉颜色	氰苷含量（μg/g）	块根的β-胡萝卜素含量（μg/g）	淀粉含量（%）	耐采后腐烂等级	叶片净光合速率[μmol/(m²·s)]
		（1 灰白色 2 灰绿色 3 灰黄色 4 黄褐色 5 中等褐色 6 红褐色 7 深褐色）									
143	MS000485	2	3	7.30	1.46	白	279.09	0.25	36.07	3	18.71

MS000489 木薯

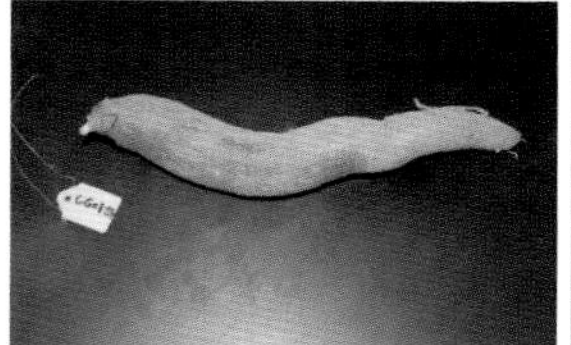
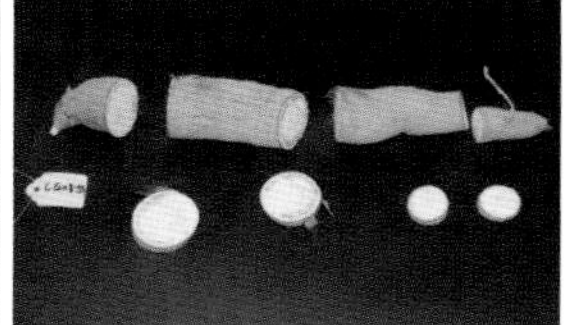
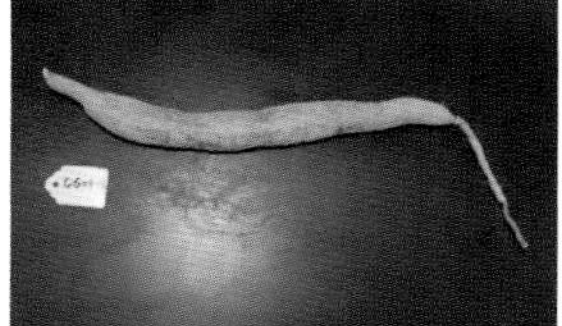
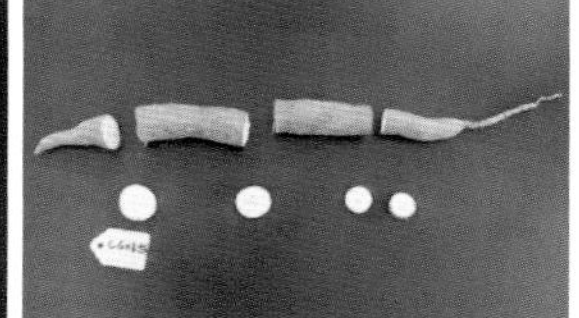

资源编号	资源名称	株高（cm）	主茎高（cm）	分枝长度（cm）	分枝数（个）	分枝角度（°）	株型（1 直立 2 紧凑 3 伞形）	株型（分杈 1 低 2 中 3 高）	节间密度（个 / 50 cm）	块根表皮（1 光滑 2 粗糙）	块根缢痕（1 无 2 有）	主茎粗（cm）
108	MS000489	286.50	66.80	114.80	3	45	3	1	15.43	2	2	2.68

资源编号	资源名称	主茎外表皮颜色	主茎内表皮颜色	地上生物量（斤）	单株鲜薯重（斤）	薯肉颜色	氰苷含量（μg/g）	块根的β-胡萝卜素含量（μg/g）	淀粉含量（%）	耐采后腐烂等级	叶片净光合速率[μmol/(m²·s)]
		（1 灰白色 2 灰绿色 3 灰黄色 4 黄褐色 5 中等褐色 6 红褐色 7 深褐色）									
108	MS000489	3	1	7.27	2.25	白	36.56	0.20	30.86	4	18.42

MS000525 木薯

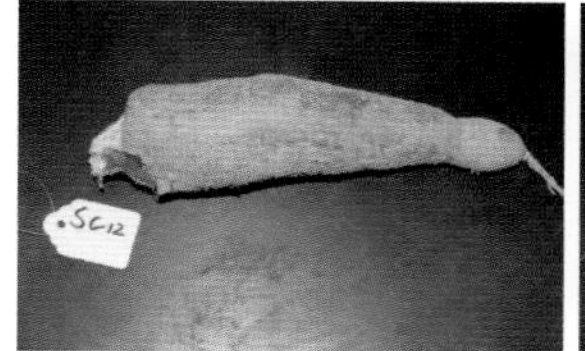

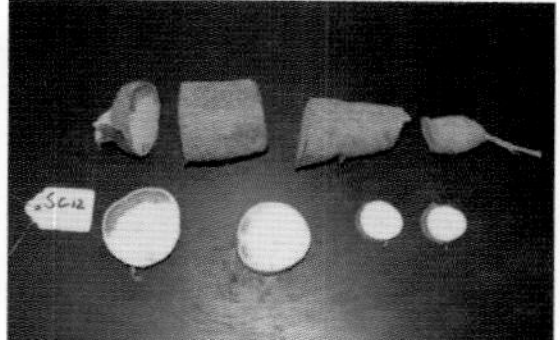
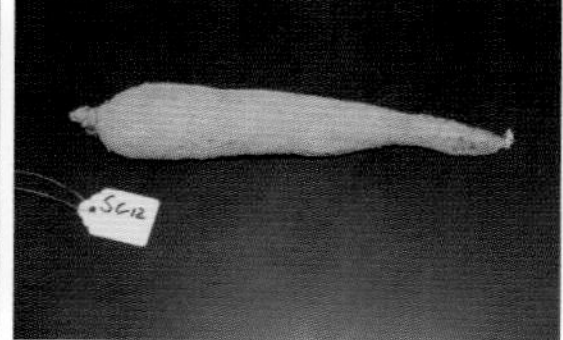

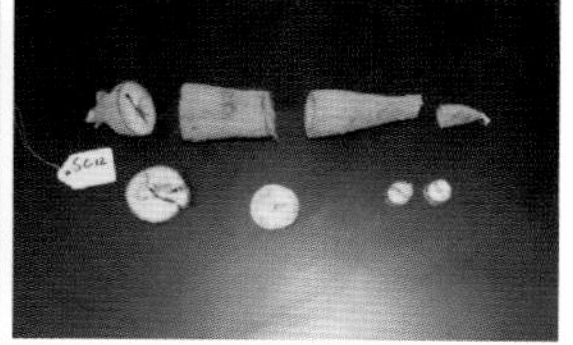

资源编号	资源名称	株高（cm）	主茎高（cm）	分枝长度（cm）	分枝数（个）	分枝角度（°）	株型（1 直立 2 紧凑 3 伞形）	株型（分杈 1 低 2 中 3 高）	节间密度（个 / 50 cm）	块根表皮（1 光滑 2 粗糙）	块根缢痕（1 无 2 有）	主茎粗（cm）
88	MS000525	276.80	269.00	40.00	3	40	1	3	15.72	2	2	2.72

资源编号	资源名称	主茎外表皮颜色	主茎内表皮颜色	地上生物量（斤）	单株鲜薯重（斤）	薯肉颜色	氰苷含量（μg/g）	块根的β-胡萝卜素含量（μg/g）	淀粉含量（%）	耐采后腐烂等级	叶片净光合速率[μmol/(m²·s)]
		（1 灰白色 2 灰绿色 3 灰黄色 4 黄褐色 5 中等褐色 6 红褐色 7 深褐色）									
88	MS000525	4	1	4.10	2.74	白	69.21	0.19	33.44	4	16.38

MS000526 木薯

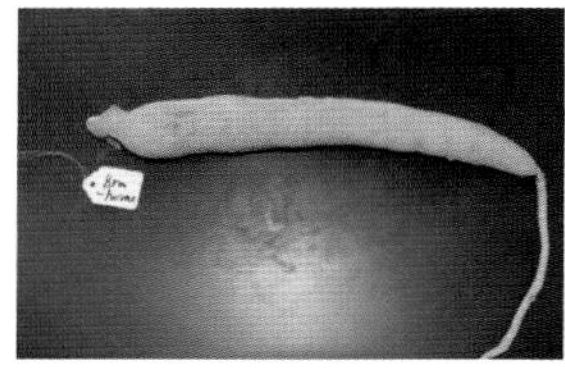
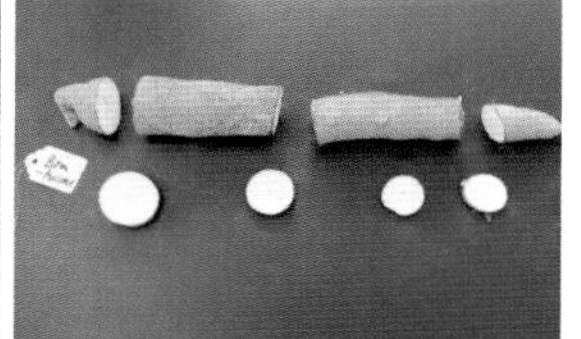

资源编号	资源名称	株高（cm）	主茎高（cm）	分枝长度（cm）	分枝数（个）	分枝角度（°）	株型（1 直立 2 紧凑 3 伞形）	株型（分杈 1 低 2 中 3 高）	节间密度（个 / 50 cm）	块根表皮（1 光滑 2 粗糙）	块根缢痕（1 无 2 有）	主茎粗（cm）
18	MS000526	280.00	168.00	75.00	3	45	2	3	17.86	2	2	3.10

资源编号	资源名称	主茎外表皮颜色	主茎内表皮颜色	地上生物量（斤）	单株鲜薯重（斤）	薯肉颜色	氰苷含量（μg/g）	块根的β-胡萝卜素含量（μg/g）	淀粉含量（%）	耐采后腐烂等级	叶片净光合速率[μmol/(m²·s)]
		（1 灰白色 2 灰绿色 3 灰黄色 4 黄褐色 5 中等褐色 6 红褐色 7 深褐色）									
18	MS000526	6	1	3.20	3.35	白	372.75	0.19	29.71	4	14.51

MS000527 木薯

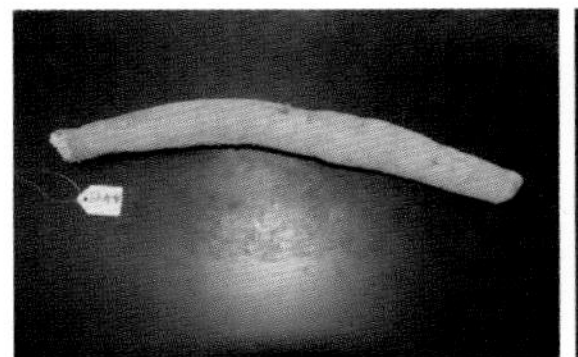
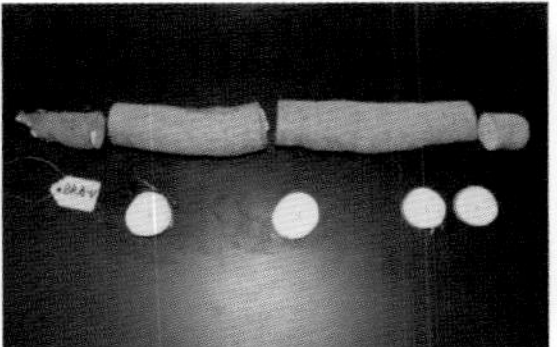
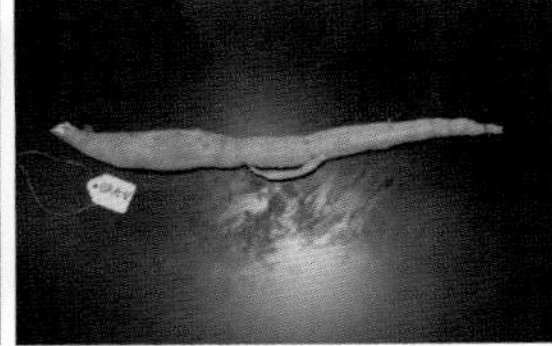
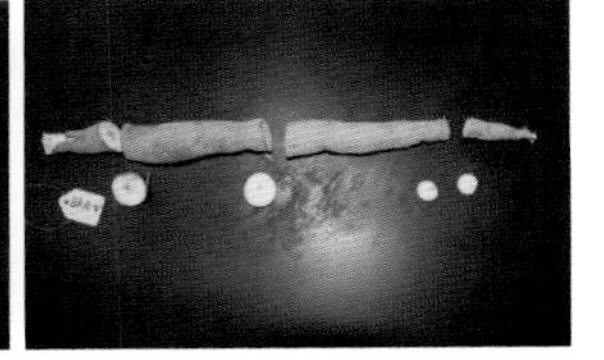

资源编号	资源名称	株高（cm）	主茎高（cm）	分枝长度（cm）	分枝数（个）	分枝角度（°）	株型（1 直立 2 紧凑 3 伞形）	株型（分杈 1 低 2 中 3 高）	节间密度（个 / 50 cm）	块根表皮（1 光滑 2 粗糙）	块根缢痕（1 无 2 有）	主茎粗（cm）
157	MS000527	319.50	146.00	123.00	2	94.0	2	2	13.89	2	1	2.50

资源编号	资源名称	主茎外表皮颜色	主茎内表皮颜色	地上生物量（斤）	单株鲜薯重（斤）	薯肉颜色	氰苷含量（μg/g）	块根的β-胡萝卜素含量（μg/g）	淀粉含量（%）	耐采后腐烂等级	叶片净光合速率[μmol/(m²·s)]
		（1 灰白色 2 灰绿色 3 灰黄色 4 黄褐色 5 中等褐色 6 红褐色 7 深褐色）									
157	MS000527	3	1	4.62	3.40	白	185.50	0.27	34.53	4	17.43

MS000529 木薯

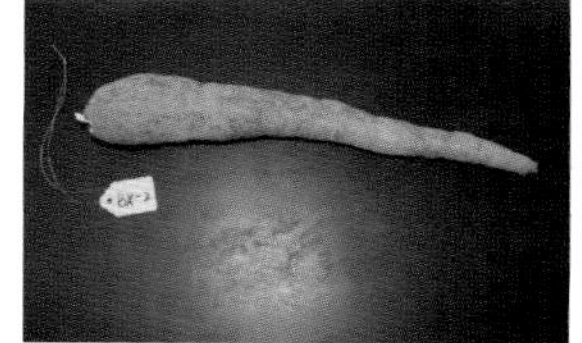
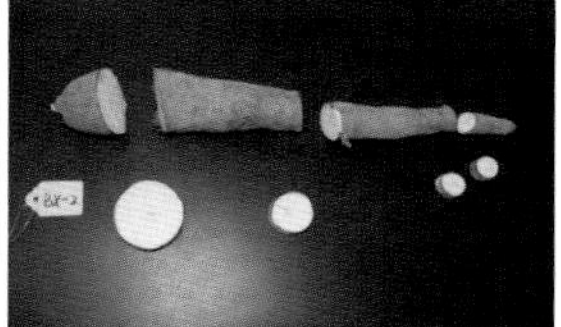
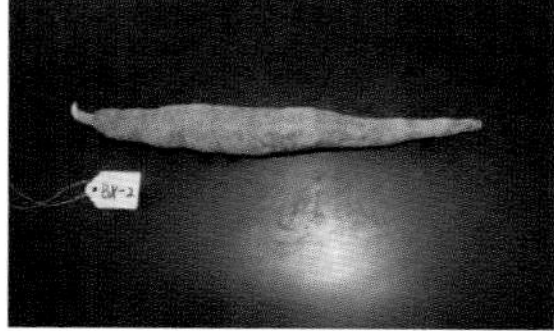

资源编号	资源名称	株高（cm）	主茎高（cm）	分枝长度（cm）	分枝数（个）	分枝角度（°）	株型（1 直立 2 紧凑 3 伞形）	株型（分杈 1 低 2 中 3 高）	节间密度（个/50 cm）	块根表皮（1 光滑 2 粗糙）	块根缢痕（1 无 2 有）	主茎粗（cm）
6	MS000529	243.50	236.00	15.50	2	43.0	2	3	14.08	2	1	2.75

资源编号	资源名称	主茎外表皮颜色	主茎内表皮颜色	地上生物量（斤）	单株鲜薯重（斤）	薯肉颜色	氰苷含量（μg/g）	块根的β-胡萝卜素含量（μg/g）	淀粉含量（%）	耐采后腐烂等级	叶片净光合速率[μmol/(m²·s)]
		（1 灰白色 2 灰绿色 3 灰黄色 4 黄褐色 5 中等褐色 6 红褐色 7 深褐色）									
6	MS000529	4	2	4.90	4.98	白	110.98	0.12	36.44	4	15.27

MS000532 木薯

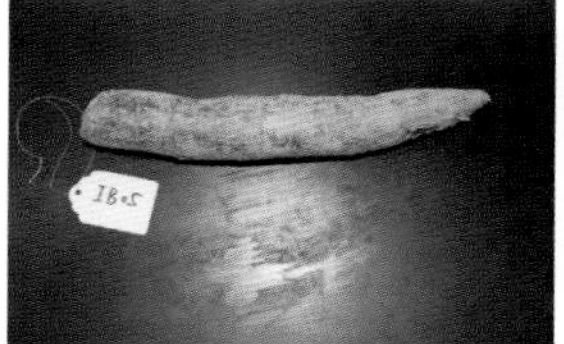
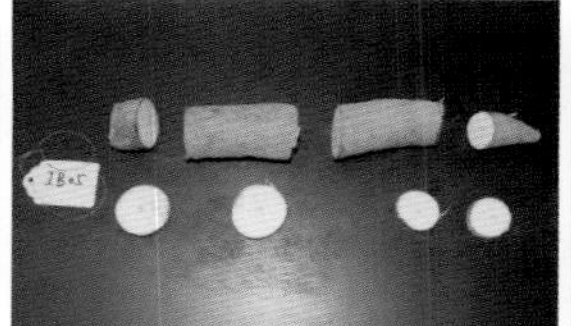
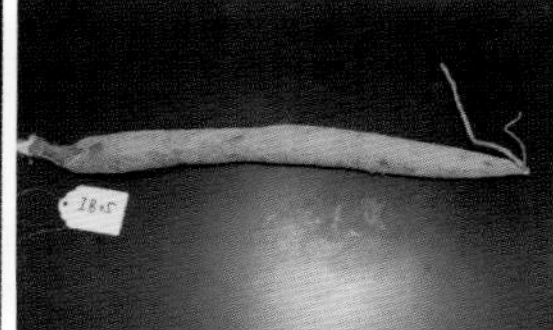
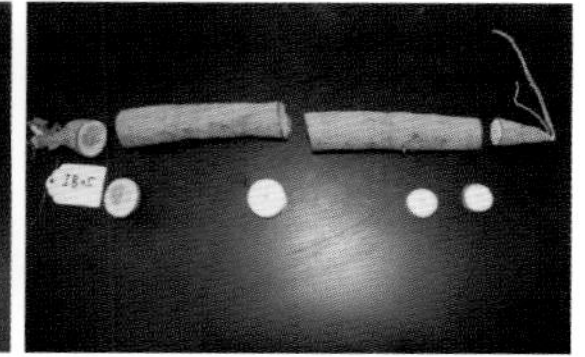

资源编号	资源名称	株高（cm）	主茎高（cm）	分枝长度（cm）	分枝数（个）	分枝角度（°）	株型（1 直立 2 紧凑 3 伞形）	株型（分杈 1 低 2 中 3 高）	节间密度（个 / 50 cm）	块根表皮（1 光滑 2 粗糙）	块根缢痕（1 无 2 有）	主茎粗（cm）
83	MS000532	273.00	64.50	132.30	4	42.50	3	2	17.24	2	2	3.23

资源编号	资源名称	主茎外表皮颜色	主茎内表皮颜色	地上生物量（斤）	单株鲜薯重（斤）	薯肉颜色	氰苷含量（μg/g）	块根的β-胡萝卜素含量（μg/g）	淀粉含量（%）	耐采后腐烂等级	叶片净光合速率[μmol/(m²·s)]
		（1 灰白色 2 灰绿色 3 灰黄色 4 黄褐色 5 中等褐色 6 红褐色 7 深褐色）									
83	MS000532	5	3	5.90	4.92	白	95.33	0.27	41.64	1	17.39

MS000541 木薯

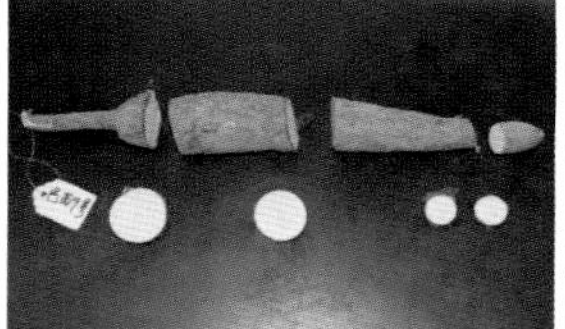
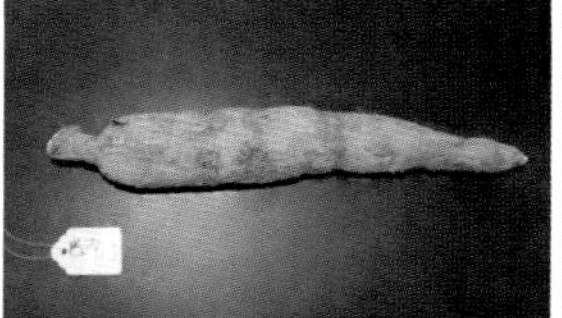

资源编号	资源名称	株高（cm）	主茎高（cm）	分枝长度（cm）	分枝数（个）	分枝角度（°）	株型（1 直立 2 紧凑 3 伞形）	株型（分杈 1 低 2 中 3 高）	节间密度（个/50 cm）	块根表皮（1 光滑 2 粗糙）	块根缢痕（1 无 2 有）	主茎粗（cm）
16	MS000541	258.50	58.50	200.00	3	44.3	2	1	12.82	1	1	3.20

资源编号	资源名称	主茎外表皮颜色	主茎内表皮颜色	地上生物量（斤）	单株鲜薯重（斤）	薯肉颜色	氰苷含量（μg/g）	块根的β-胡萝卜素含量（μg/g）	淀粉含量（%）	耐采后腐烂等级	叶片净光合速率[μmol/(m²·s)]
		（1 灰白色 2 灰绿色 3 灰黄色 4 黄褐色 5 中等褐色 6 红褐色 7 深褐色）									
16	MS000541	1	3	6.68	1.10	白	608.88	0.08	31.56	4	16.97

MS000543 木薯

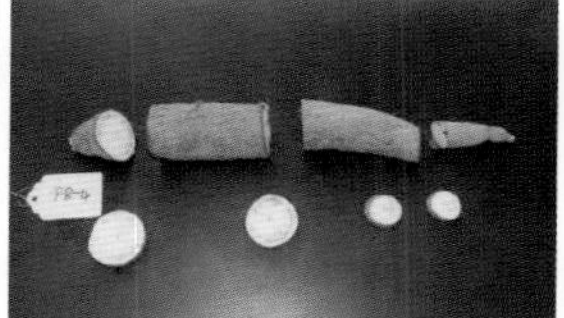
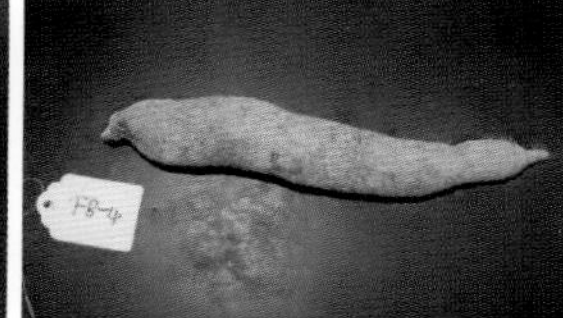
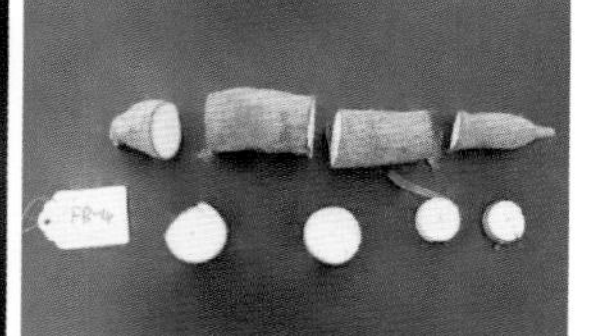

资源编号	资源名称	株高（cm）	主茎高（cm）	分枝长度（cm）	分枝数（个）	分枝角度（°）	株型（1 直立 2 紧凑 3 伞形）	株型（分杈 1 低 2 中 3 高）	节间密度（个 / 50 cm）	块根表皮（1 光滑 2 粗糙）	块根缢痕（1 无 2 有）	主茎粗（cm）
39	MS000543	306.50	60.50	188.50	3	33.80	3	3	16.26	2	1	3.55

资源编号	资源名称	主茎外表皮颜色	主茎内表皮颜色	地上生物量（斤）	单株鲜薯重（斤）	薯肉颜色	氰苷含量（μg/g）	块根的β-胡萝卜素含量（μg/g）	淀粉含量（%）	耐采后腐烂等级	叶片净光合速率[μmol/(m²·s)]
		（1 灰白色 2 灰绿色 3 灰黄色 4 黄褐色 5 中等褐色 6 红褐色 7 深褐色）									
39	MS000543	7	3	15	6.17	白	95.13	0.16	29.32	4	18.03

MS000544 木薯

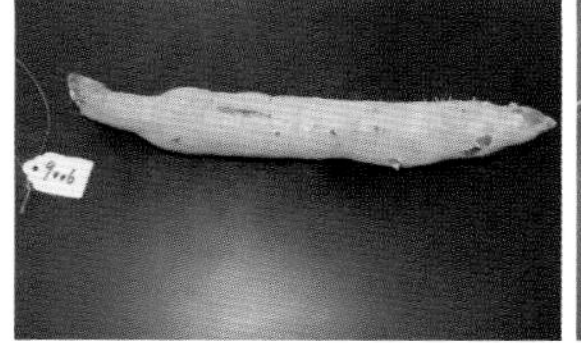
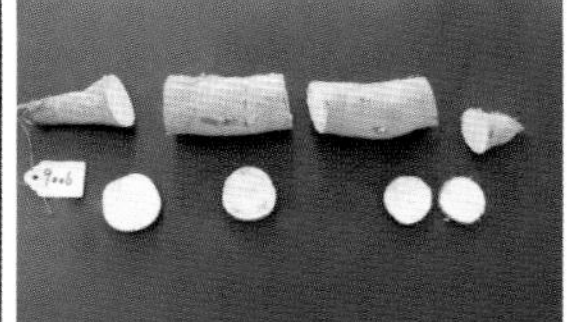
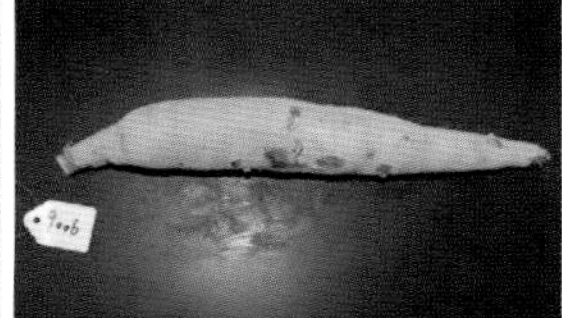
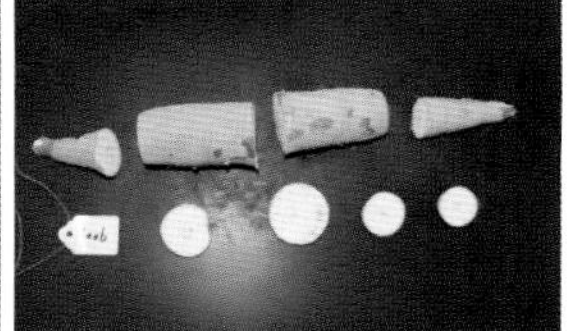

资源编号	资源名称	株高（cm）	主茎高（cm）	分枝长度（cm）	分枝数（个）	分枝角度（°）	株型（1 直立 2 紧凑 3 伞形）	株型（分杈 1 低 2 中 3 高）	节间密度（个/50 cm）	块根表皮（1 光滑 2 粗糙）	块根缢痕（1 无 2 有）	主茎粗（cm）
140	MS000544	318.40	133.00	100.20	3	43	2	2	13.81	1	1	3.62

资源编号	资源名称	主茎外表皮颜色	主茎内表皮颜色	地上生物量（斤）	单株鲜薯重（斤）	薯肉颜色	氰苷含量（μg/g）	块根的β-胡萝卜素含量（μg/g）	淀粉含量（%）	耐采后腐烂等级	叶片净光合速率[μmol/(m²·s)]
		（1 灰白色 2 灰绿色 3 灰黄色 4 黄褐色 5 中等褐色 6 红褐色 7 深褐色）									
140	MS000544	1	1	9.70	16.26	白	17.05	0.18	30.27	4	15.33

MS000545 木薯

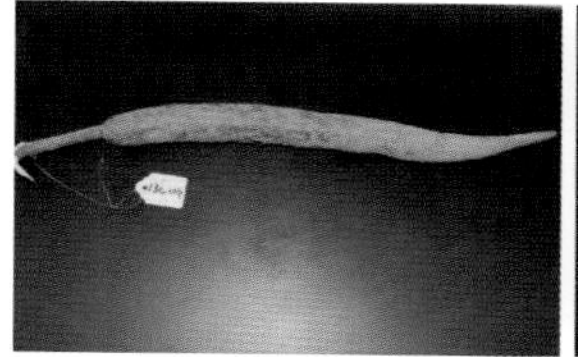
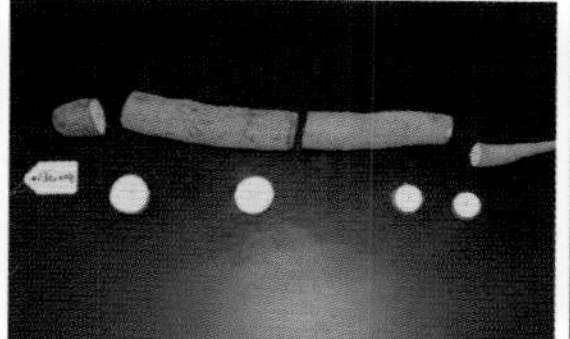
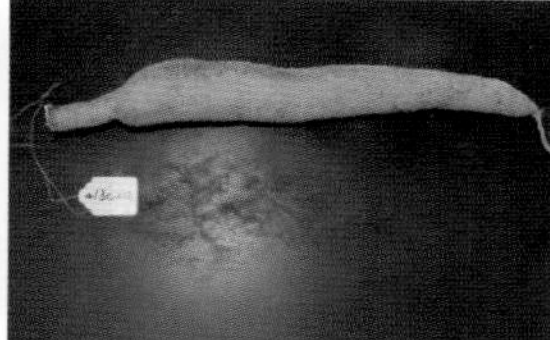
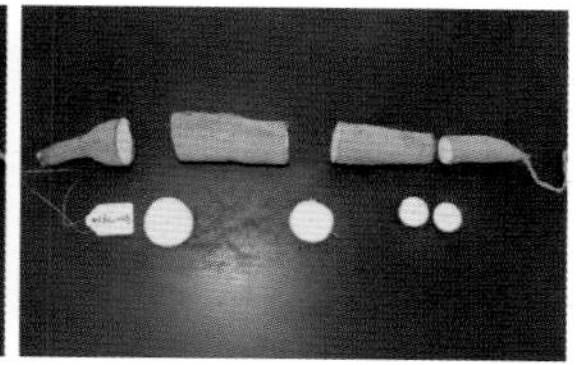

资源编号	资源名称	株高（cm）	主茎高（cm）	分枝长度（cm）	分枝数（个）	分枝角度（°）	株型（1 直立 2 紧凑 3 伞形）	株型（分杈 1 低 2 中 3 高）	节间密度（个 / 50 cm）	块根表皮（1 光滑 2 粗糙）	块根缢痕（1 无 2 有）	主茎粗（cm）
142	MS000545	280.33	66.30	109.70	2	40	3	2	17.24	2	1	2.93

资源编号	资源名称	主茎外表皮颜色	主茎内表皮颜色	地上生物量（斤）	单株鲜薯重（斤）	薯肉颜色	氰苷含量（μg/g）	块根的β-胡萝卜素含量（μg/g）	淀粉含量（%）	耐采后腐烂等级	叶片净光合速率[μmol/(m²·s)]
		（1 灰白色 2 灰绿色 3 灰黄色 4 黄褐色 5 中等褐色 6 红褐色 7 深褐色）									
142	MS000545	5	3	5.70	17.26	白	29.82	0.29	37.61	4	18.40

MS000548 木薯

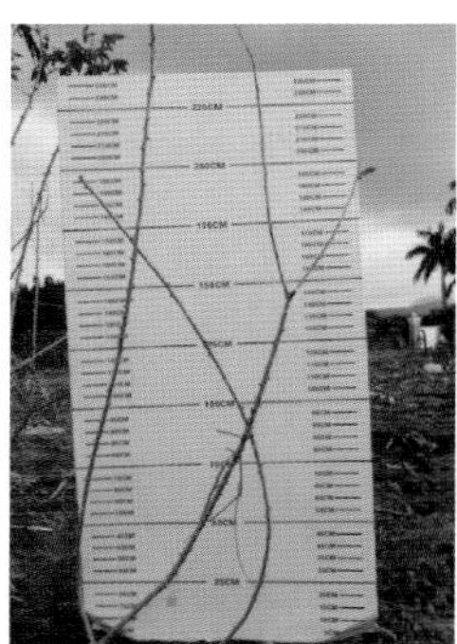

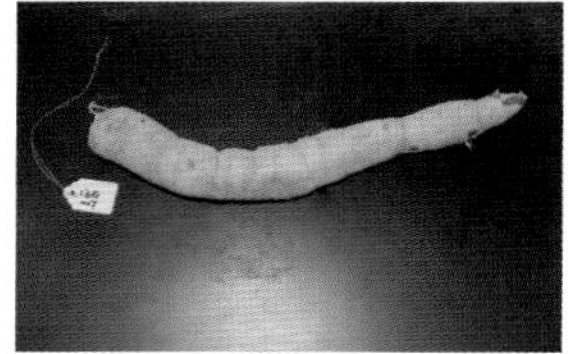
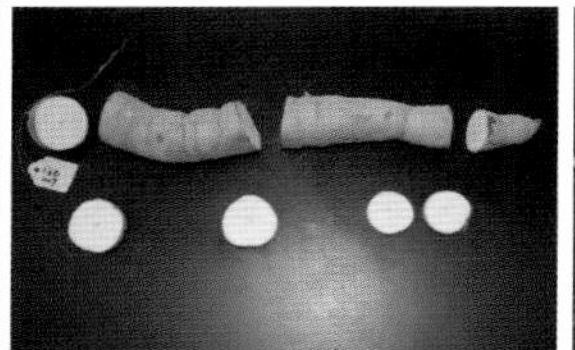
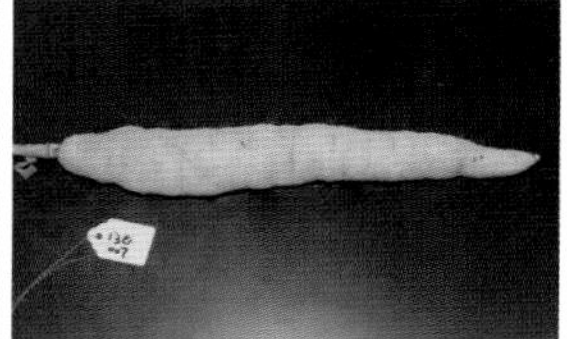
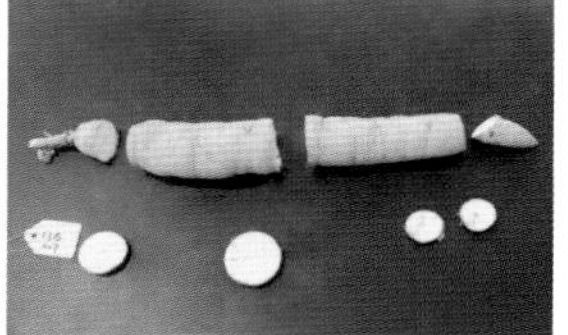

资源编号	资源名称	株高（cm）	主茎高（cm）	分枝长度（cm）	分枝数（个）	分枝角度（°）	株型（1 直立 2 紧凑 3 伞形）	株型（分杈 1 低 2 中 3 高）	节间密度（个 / 50 cm）	块根表皮（1 光滑 2 粗糙）	块根缢痕（1 无 2 有）	主茎粗（cm）
148	MS000548	288.60	126.00	127.60	2	36	3	3	15.27	1	1	2.64

资源编号	资源名称	主茎外表皮颜色	主茎内表皮颜色	地上生物量（斤）	单株鲜薯重（斤）	薯肉颜色	氰苷含量（μg/g）	块根的β-胡萝卜素含量（μg/g）	淀粉含量（%）	耐采后腐烂等级	叶片净光合速率［μmol/(m^2·s)］
		（1 灰白色 2 灰绿色 3 灰黄色 4 黄褐色 5 中等褐色 6 红褐色 7 深褐色）									
148	MS000548	2	2	3.19	2.88	浅黄	189.48	0.93	25.96	4	17.30

MS000549 木薯

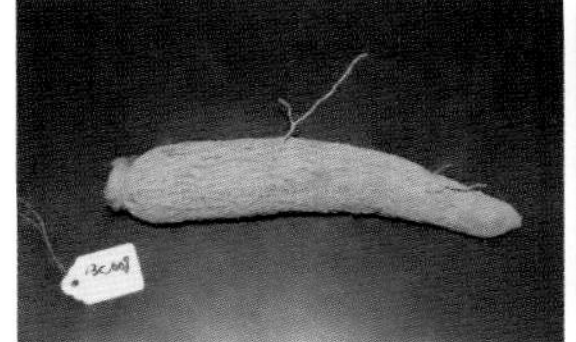
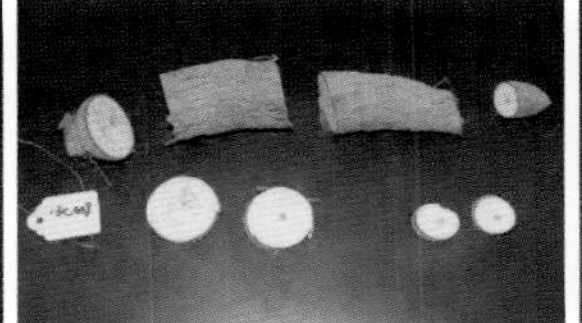
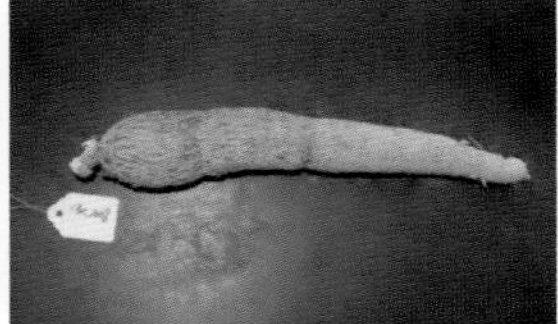
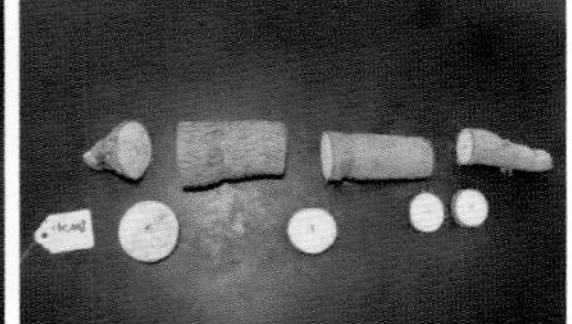

资源编号	资源名称	株高（cm）	主茎高（cm）	分枝长度（cm）	分枝数（个）	分枝角度（°）	株型（1 直立 2 紧凑 3 伞形）	株型（分杈 1 低 2 中 3 高）	节间密度（个 / 50 cm）	块根表皮（1 光滑 2 粗糙）	块根缢痕（1 无 2 有）	主茎粗（cm）
70	MS000549	293.20	157.00	111.00	3	40	2	2	18.94	2	1	2.76

资源编号	资源名称	主茎外表皮颜色	主茎内表皮颜色	地上生物量（斤）	单株鲜薯重（斤）	薯肉颜色	氰苷含量（μg/g）	块根的β-胡萝卜素含量（μg/g）	淀粉含量（%）	耐采后腐烂等级	叶片净光合速率[μmol/(m²·s)]
		（1 灰白色 2 灰绿色 3 灰黄色 4 黄褐色 5 中等褐色 6 红褐色 7 深褐色）									
70	MS000549	7	3	3.12	1.72	白	70.63	0.10	27.49	4	15.87

MS000550 木薯

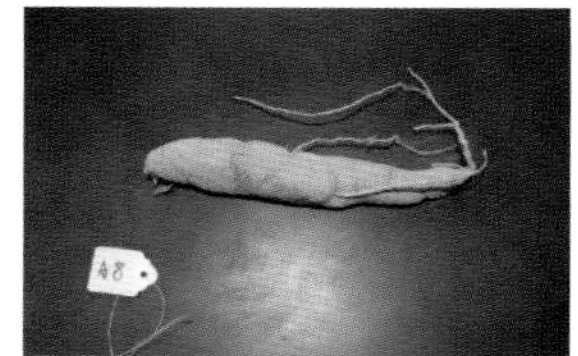
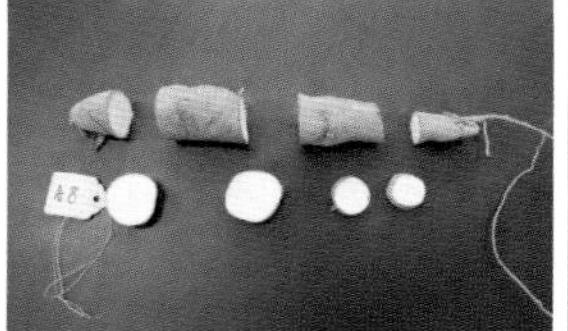
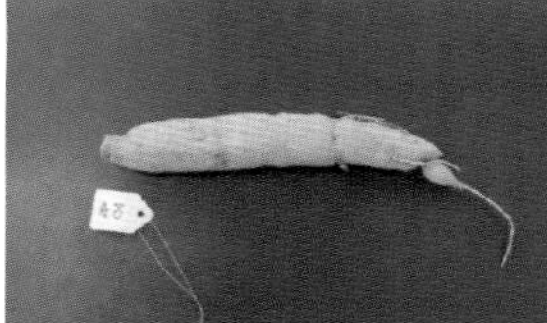
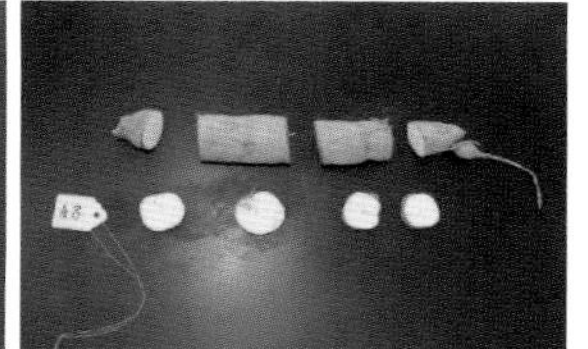

资源编号	资源名称	株高（cm）	主茎高（cm）	分枝长度（cm）	分枝数（个）	分枝角度（°）	株型（1 直立 2 紧凑 3 伞形）	株型（分杈 1 低 2 中 3 高）	节间密度（个 / 50 cm）	块根表皮（1 光滑 2 粗糙）	块根缢痕（1 无 2 有）	主茎粗（cm）
50	MS000550	246.00	154.80	91.20	3	40	2	2	17.73	2	1	2.28

资源编号	资源名称	主茎外表皮颜色	主茎内表皮颜色	地上生物量（斤）	单株鲜薯重（斤）	薯肉颜色	氰苷含量（μg/g）	块根的β-胡萝卜素含量（μg/g）	淀粉含量（%）	耐采后腐烂等级	叶片净光合速率[μmol/(m²·s)]
		（1 灰白色 2 灰绿色 3 灰黄色 4 黄褐色 5 中等褐色 6 红褐色 7 深褐色）									
50	MS000550	4	1	1.64	1.60	白	30.40	0.07	15.26	4	15.50

MS000555 木薯

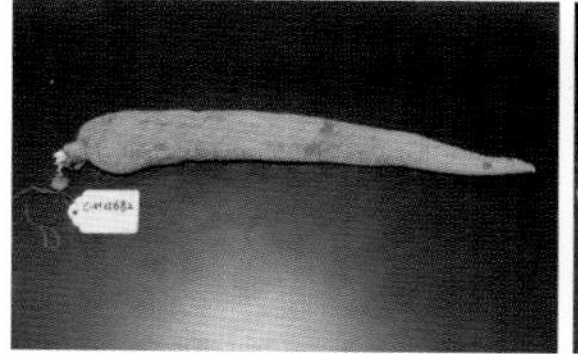
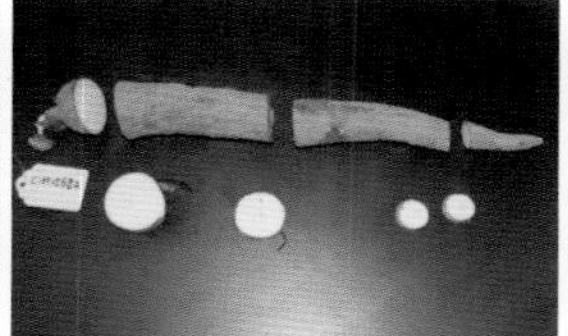
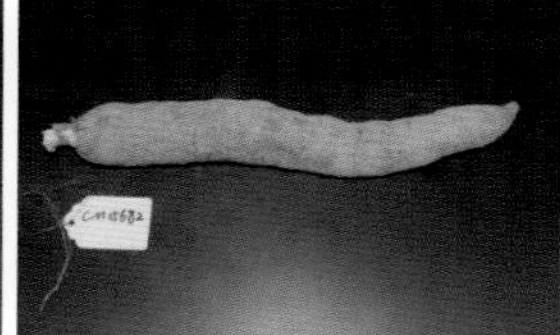
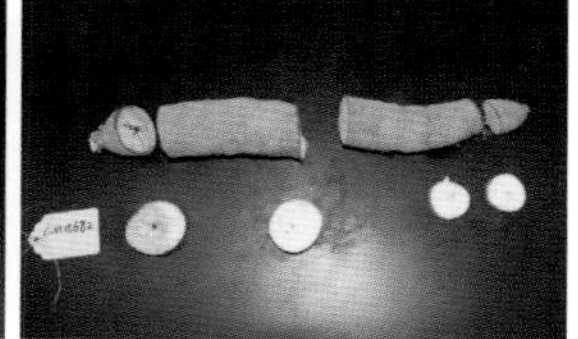

资源编号	资源名称	株高（cm）	主茎高（cm）	分枝长度（cm）	分枝数（个）	分枝角度（°）	株型（1 直立 2 紧凑 3 伞形）	株型（分杈 1 低 2 中 3 高）	节间密度（个 / 50 cm）	块根表皮（1 光滑 2 粗糙）	块根缢痕（1 无 2 有）	主茎粗（cm）
151	MS000555	255.00	140.00	100.30	2	32.50	3	3	18.02	2	2	2.68

资源编号	资源名称	主茎外表皮颜色	主茎内表皮颜色	地上生物量（斤）	单株鲜薯重（斤）	薯肉颜色	氰苷含量（μg/g）	块根的β-胡萝卜素含量（μg/g）	淀粉含量（%）	耐采后腐烂等级	叶片净光合速率[μmol/(m²·s)]
		（1 灰白色 2 灰绿色 3 灰黄色 4 黄褐色 5 中等褐色 6 红褐色 7 深褐色）									
151	MS000555	6	1	6.42	3.86	白	17.64	0.18	37.35	4	15.65

MS000562 木薯

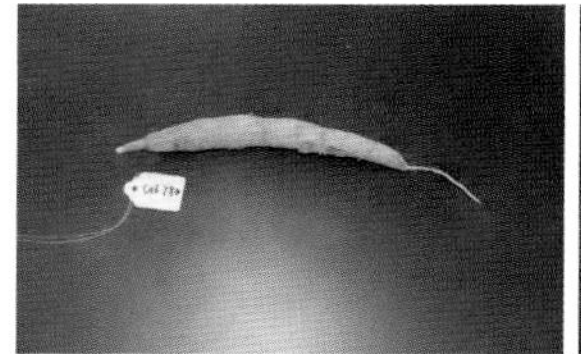
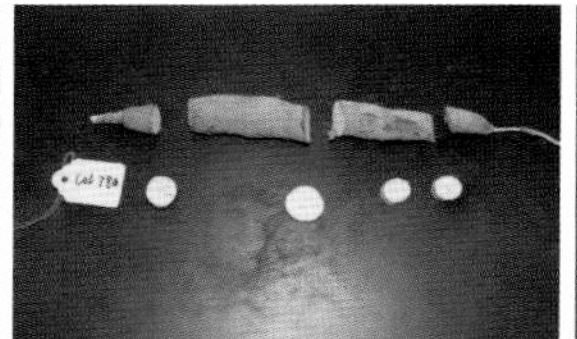
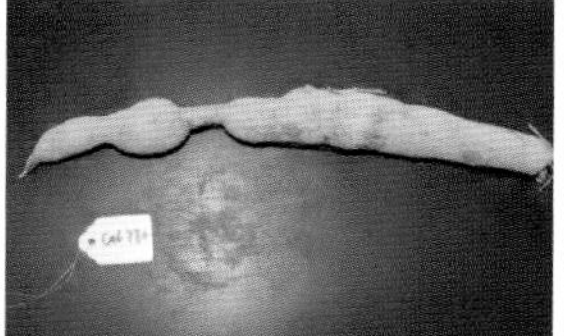
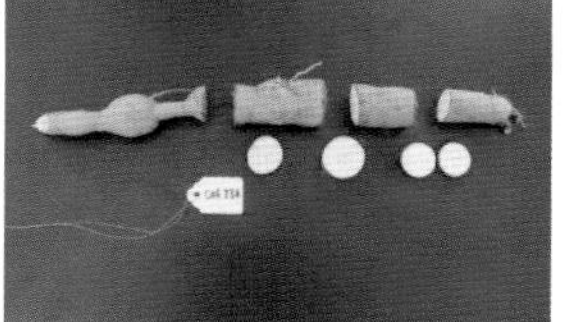

资源编号	资源名称	株高（cm）	主茎高（cm）	分枝长度（cm）	分枝数（个）	分枝角度（°）	株型（1 直立 2 紧凑 3 伞形）	株型（分杈 1 低 2 中 3 高）	节间密度（个 / 50 cm）	块根表皮（1 光滑 2 粗糙）	块根缢痕（1 无 2 有）	主茎粗（cm）
119	MS000562	330.00	192.00	137.70	2	43.30	3	3	14.29	2	2	3.07

资源编号	资源名称	主茎外表皮颜色（1 灰白色 2 灰绿色 3 灰黄色 4 黄褐色 5 中等褐色 6 红褐色 7 深褐色）	主茎内表皮颜色	地上生物量（斤）	单株鲜薯重（斤）	薯肉颜色	氰苷含量（μg/g）	块根的β-胡萝卜素含量（μg/g）	淀粉含量（%）	耐采后腐烂等级	叶片净光合速率[μmol/(m²·s)]
119	MS000562	5	3	6.60	1.28	浅黄	26.53	1.17	29.86	2	16.92

MS000563 木薯

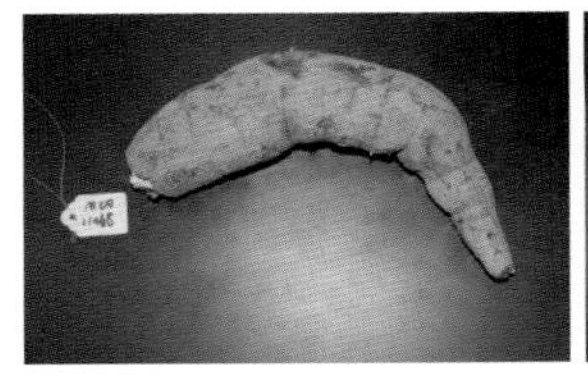
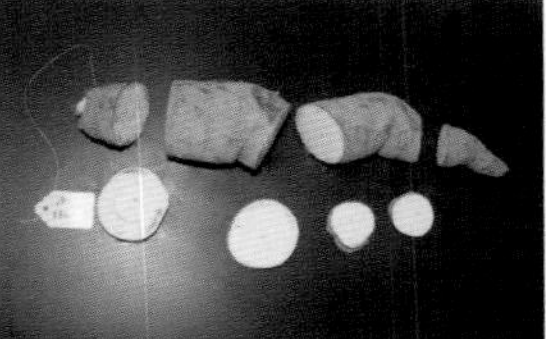
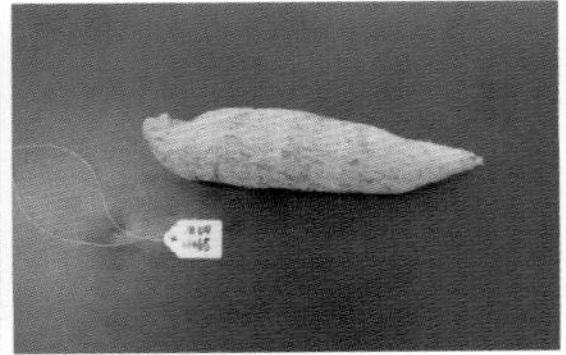
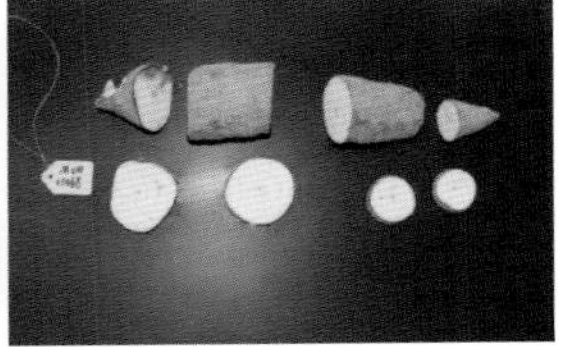

资源编号	资源名称	株高（cm）	主茎高（cm）	分枝长度（cm）	分枝数（个）	分枝角度（°）	株型（1 直立 2 紧凑 3 伞形）	株型（分杈 1 低 2 中 3 高）	节间密度（个/50 cm）	块根表皮（1 光滑 2 粗糙）	块根缢痕（1 无 2 有）	主茎粗（cm）
118	MS000563	301.40	91.00	155.80	3	47	3	2	17.12	2	1	3

资源编号	资源名称	主茎外表皮颜色	主茎内表皮颜色	地上生物量（斤）	单株鲜薯重（斤）	薯肉颜色	氰苷含量（μg/g）	块根的β-胡萝卜素含量（μg/g）	淀粉含量（%）	耐采后腐烂等级	叶片净光合速率[μmol/(m²·s)]
		（1 灰白色 2 灰绿色 3 灰黄色 4 黄褐色 5 中等褐色 6 红褐色 7 深褐色）									
118	MS000563	7	3	11	8.12	白	10.36	0.11	28.91	3	16.36

MS000622 木薯

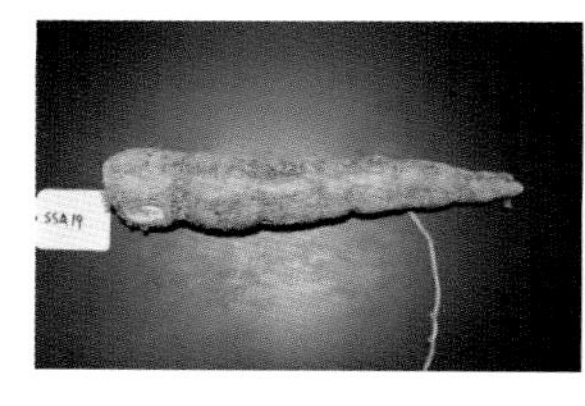
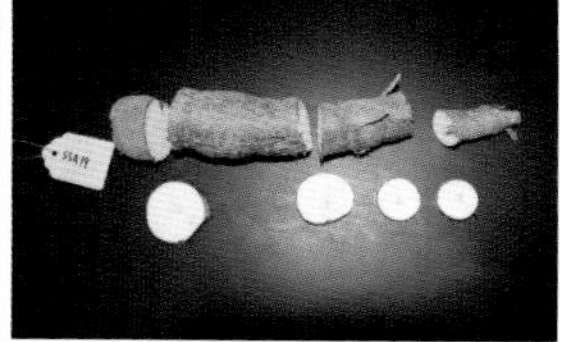

资源编号	资源名称	株高（cm）	主茎高（cm）	分枝长度（cm）	分枝数（个）	分枝角度（°）	株型（1 直立 2 紧凑 3 伞形）	株型（分杈 1 低 2 中 3 高）	节间密度（个 / 50 cm）	块根表皮（1 光滑 2 粗糙）	块根缢痕（1 无 2 有）	主茎粗（cm）
34	MS000622	258.25	58.25	125.75	3	46.25	3	1	13.51	2	2	3.63

资源编号	资源名称	主茎外表皮颜色	主茎内表皮颜色	地上生物量（斤）	单株鲜薯重（斤）	薯肉颜色	氰苷含量（μg/g）	块根的β-胡萝卜素含量（μg/g）	淀粉含量（%）	耐采后腐烂等级	叶片净光合速率［μmol/(m²·s)］
		（1 灰白色 2 灰绿色 3 灰黄色 4 黄褐色 5 中等褐色 6 红褐色 7 深褐色）									
34	MS000622	6	1	3.52	1.50	白	227.29	0.43	20.97	4	14.47

MS000623 木薯

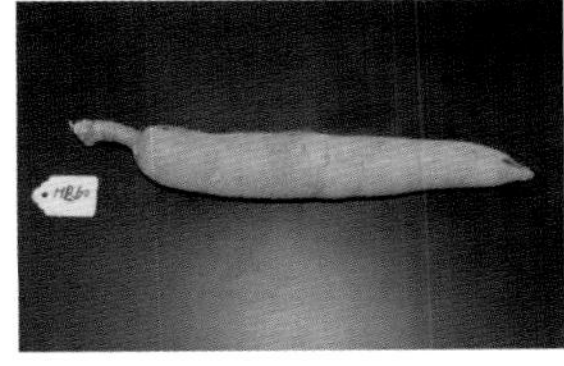
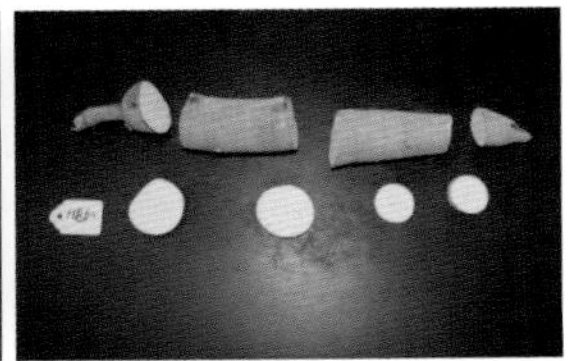

资源编号	资源名称	株高（cm）	主茎高（cm）	分枝长度（cm）	分枝数（个）	分枝角度（°）	株型（1 直立 2 紧凑 3 伞形）	株型（分杈 1 低 2 中 3 高）	节间密度（个 / 50 cm）	块根表皮（1 光滑 2 粗糙）	块根缢痕（1 无 2 有）	主茎粗（cm）
2	MS000623	206.67	193.33	29.00	4	40	3	1	15.96	1	1	1.90

资源编号	资源名称	主茎外表皮颜色	主茎内表皮颜色	地上生物量（斤）	单株鲜薯重（斤）	薯肉颜色	氰苷含量（μg/g）	块根的β-胡萝卜素含量（μg/g）	淀粉含量（%）	耐采后腐烂等级	叶片净光合速率［μmol/(m²·s)］
		（1 灰白色 2 灰绿色 3 灰黄色 4 黄褐色 5 中等褐色 6 红褐色 7 深褐色）									
2	MS000623	1	3	6.05	9.61	白	74.07	0.53	20.18	4	15.73

MS000625 木薯

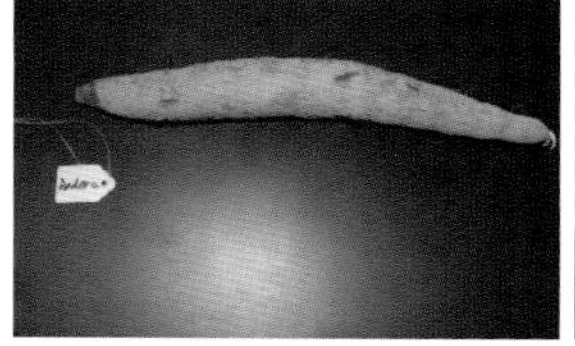

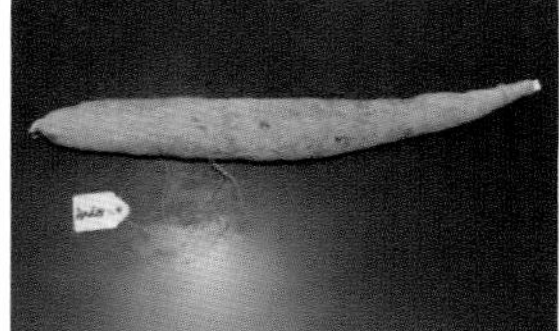

资源编号	资源名称	株高（cm）	主茎高（cm）	分枝长度（cm）	分枝数（个）	分枝角度（°）	株型（1 直立 2 紧凑 3 伞形）	株型（分杈 1 低 2 中 3 高）	节间密度（个/50 cm）	块根表皮（1 光滑 2 粗糙）	块根缢痕（1 无 2 有）	主茎粗（cm）
149	MS000625	332.00	176.00	115.00	4	45	3	3	17.48	2	2	3.14

资源编号	资源名称	主茎外表皮颜色	主茎内表皮颜色	地上生物量（斤）	单株鲜薯重（斤）	薯肉颜色	氰苷含量（μg/g）	块根的β-胡萝卜素含量（μg/g）	淀粉含量（%）	耐采后腐烂等级	叶片净光合速率[μmol/(m²·s)]
		（1 灰白色 2 灰绿色 3 灰黄色 4 黄褐色 5 中等褐色 6 红褐色 7 深褐色）									
149	MS000625	7	3	12.68	3.06	白	226.65	0.29	34.42	4	19.14

MS000626 木薯

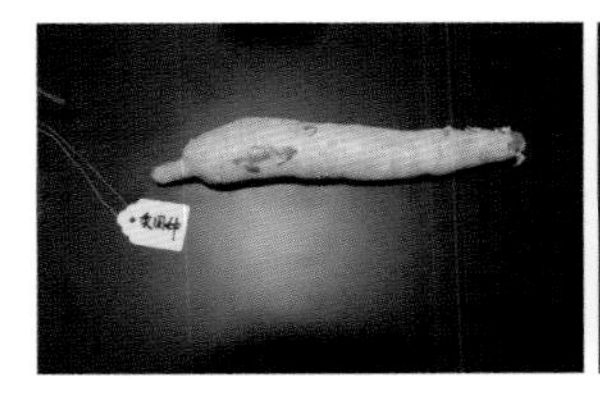
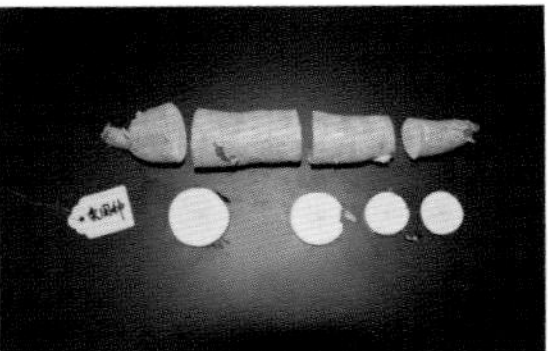

资源编号	资源名称	株高（cm）	主茎高（cm）	分枝长度（cm）	分枝数（个）	分枝角度（°）	株型（1 直立 2 紧凑 3 伞形）	株型（分杈 1 低 2 中 3 高）	节间密度（个/50 cm）	块根表皮（1 光滑 2 粗糙）	块根缢痕（1 无 2 有）	主茎粗（cm）
57	MS000626	250.67	147.00	103.70	3	40	3	3	15.00	1	1	2.70

资源编号	资源名称	主茎外表皮颜色	主茎内表皮颜色	地上生物量（斤）	单株鲜薯重（斤）	薯肉颜色	氰苷含量（μg/g）	块根的β-胡萝卜素含量（μg/g）	淀粉含量（%）	耐采后腐烂等级	叶片净光合速率[μmol/(m²·s)]
		（1 灰白色 2 灰绿色 3 灰黄色 4 黄褐色 5 中等褐色 6 红褐色 7 深褐色）									
57	MS000626	2	2	4.90	3.04	黄	71.04	1.00	25.98	4	15.61

MS000627 木薯

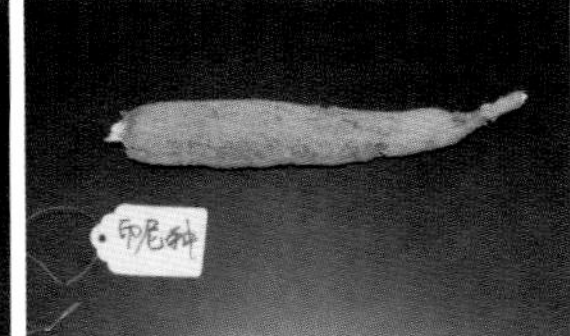

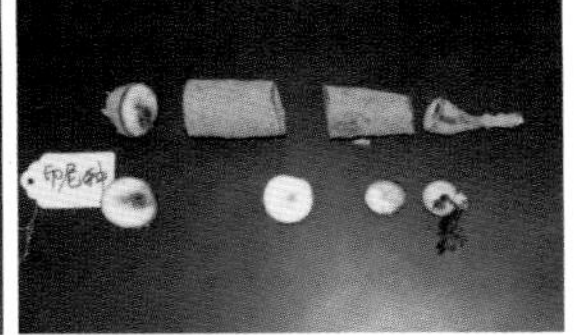

资源编号	资源名称	株高（cm）	主茎高（cm）	分枝长度（cm）	分枝数（个）	分枝角度（°）	株型（1直立 2紧凑 3伞形）	株型（分杈 1低 2中 3高）	节间密度（个/50 cm）	块根表皮（1光滑 2粗糙）	块根缢痕（1无 2有）	主茎粗（cm）
133	MS000627	280.33	127.00	141.30	3	30	3	2	13.51	2	2	3.35

资源编号	资源名称	主茎外表皮颜色	主茎内表皮颜色	地上生物量（斤）	单株鲜薯重（斤）	薯肉颜色	氰苷含量（μg/g）	块根的β-胡萝卜素含量（μg/g）	淀粉含量（%）	耐采后腐烂等级	叶片净光合速率[μmol/(m²·s)]
		（1灰白色 2灰绿色 3灰黄色 4黄褐色 5中等褐色 6红褐色 7深褐色）									
133	MS000627	7	3	10	13.26	白	148.90	0.09	32.13	1	18.52

MS000628 木薯

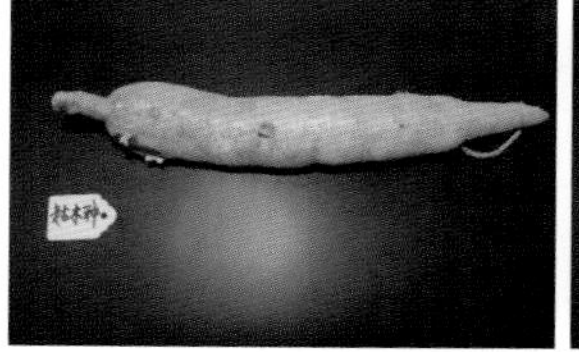
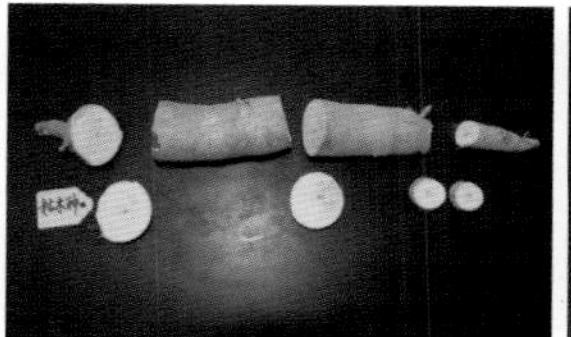
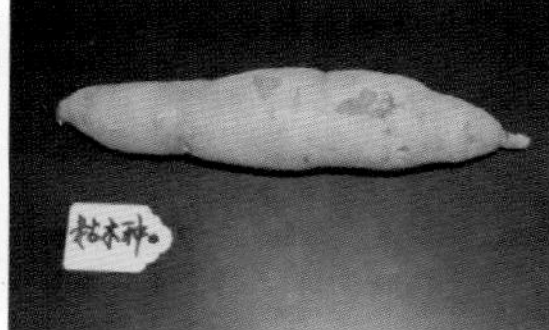

资源编号	资源名称	株高（cm）	主茎高（cm）	分枝长度（cm）	分枝数（个）	分枝角度（°）	株型（1 直立 2 紧凑 3 伞形）	株型（分杈 1 低 2 中 3 高）	节间密度（个 / 50 cm）	块根表皮（1 光滑 2 粗糙）	块根缢痕（1 无 2 有）	主茎粗（cm）
80	MS000628	252.40	179.00	87.00	3	37	3	3	17.99	1	2	2.86

资源编号	资源名称	主茎外表皮颜色	主茎内表皮颜色	地上生物量（斤）	单株鲜薯重（斤）	薯肉颜色	氰苷含量（μg/g）	块根的β-胡萝卜素含量（μg/g）	淀粉含量（%）	耐采后腐烂等级	叶片净光合速率[μmol/(m^2·s)]
		（1 灰白色 2 灰绿色 3 灰黄色 4 黄褐色 5 中等褐色 6 红褐色 7 深褐色）									
80	MS000628	2	2	4.50	3.65	白	177.07	0.96	30.95	3	16.83

MS000858 木薯

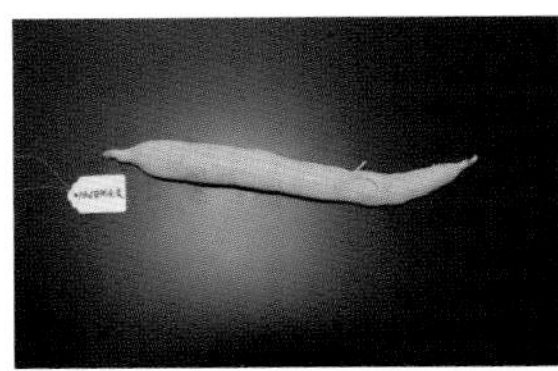
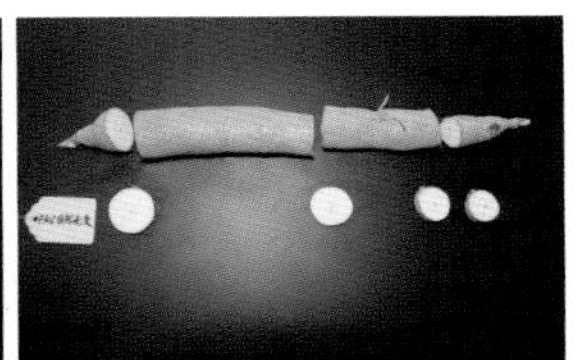

资源编号	资源名称	株高（cm）	主茎高（cm）	分枝长度（cm）	分枝数（个）	分枝角度（°）	株型（1 直立 2 紧凑 3 伞形）	株型（分杈 1 低 2 中 3 高）	节间密度（个 / 50 cm）	块根表皮（1 光滑 2 粗糙）	块根缢痕（1 无 2 有）	主茎粗（cm）
9	MS000858	215.20	49.60	66.20	3	41	3	1	16.03	1	1	2.40

资源编号	资源名称	主茎外表皮颜色	主茎内表皮颜色	地上生物量（斤）	单株鲜薯重（斤）	薯肉颜色	氰苷含量（μg/g）	块根的β-胡萝卜素含量（μg/g）	淀粉含量（%）	耐采后腐烂等级	叶片净光合速率[μmol/(m²·s)]
		（1 灰白色 2 灰绿色 3 灰黄色 4 黄褐色 5 中等褐色 6 红褐色 7 深褐色）									
9	MS000858	1	1	4.40	0.10	白	57.28	0.17	33.56	4	12.06

GPMS0971L 木薯

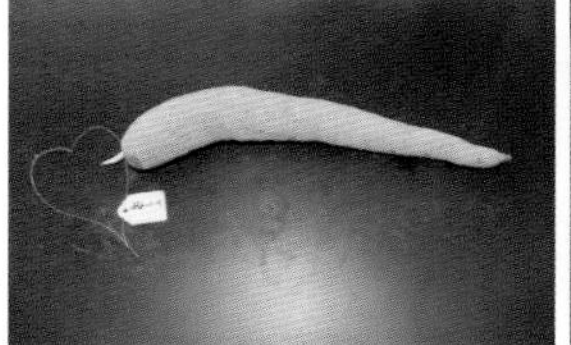
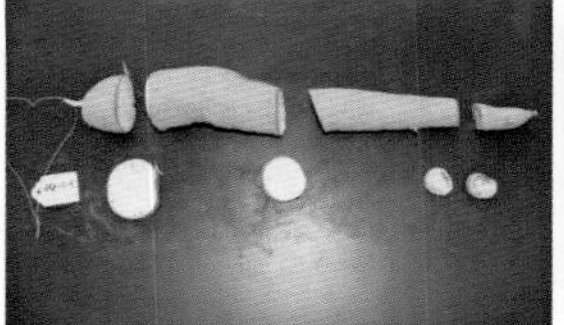
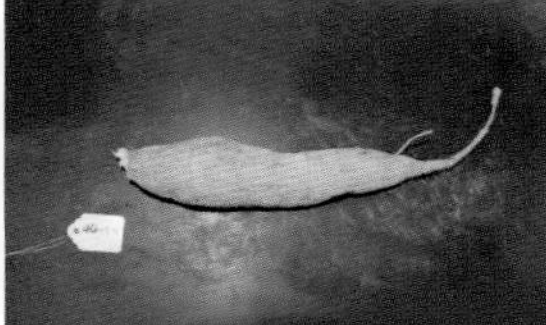
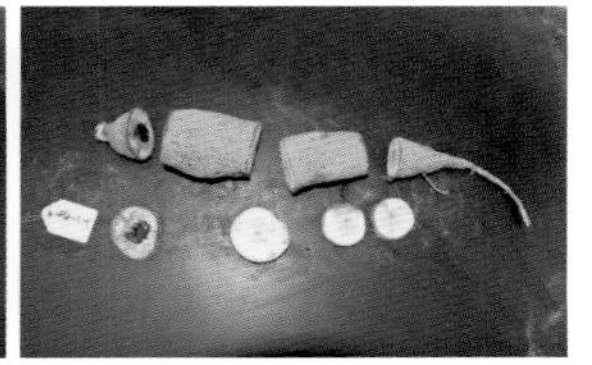

资源编号	资源名称	株高（cm）	主茎高（cm）	分枝长度（cm）	分枝数（个）	分枝角度（°）	株型（1 直立 2 紧凑 3 伞形）	株型（分杈 1 低 2 中 3 高）	节间密度（个/50 cm）	块根表皮（1 光滑 2 粗糙）	块根缢痕（1 无 2 有）	主茎粗（cm）
217	GPMS0971L	330.60	152.00	146.60	2	43	3	2	17.61	1	2	2.70

资源编号	资源名称	主茎外表皮颜色	主茎内表皮颜色	地上生物量（斤）	单株鲜薯重（斤）	薯肉颜色	氰苷含量（μg/g）	块根的β-胡萝卜素含量（μg/g）	淀粉含量（%）	耐采后腐烂等级	叶片净光合速率[μmol/(m²·s)]
		（1 灰白色 2 灰绿色 3 灰黄色 4 黄褐色 5 中等褐色 6 红褐色 7 深褐色）									
217	GPMS0971L	5	3	10.32	7.52	白	19.11	0.06	22.46	3	17.58

GPMS0974L 木薯

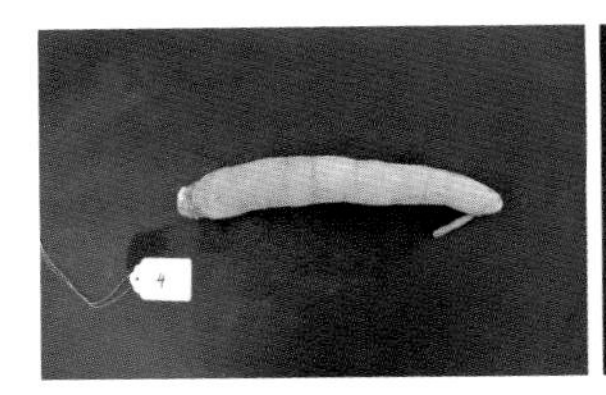
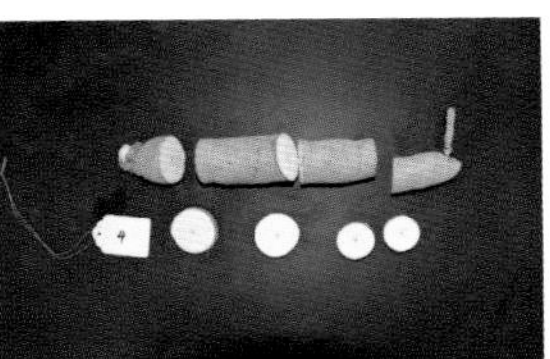

资源编号	资源名称	株高（cm）	主茎高（cm）	分枝长度（cm）	分枝数（个）	分枝角度（°）	株型（1 直立 2 紧凑 3 伞形）	株型（分杈 1 低 2 中 3 高）	节间密度（个 / 50 cm）	块根表皮（1 光滑 2 粗糙）	块根缢痕（1 无 2 有）	主茎粗（cm）
178	GPMS0974L	221.00	77.30	68.67	3	33.30	3	2	19.48	1	2	2.53

资源编号	资源名称	主茎外表皮颜色	主茎内表皮颜色	地上生物量（斤）	单株鲜薯重（斤）	薯肉颜色	氰苷含量（μg/g）	块根的β-胡萝卜素含量（μg/g）	淀粉含量（%）	耐采后腐烂等级	叶片净光合速率[μmol/(m²·s)]
		（1 灰白色 2 灰绿色 3 灰黄色 4 黄褐色 5 中等褐色 6 红褐色 7 深褐色）									
178	GPMS0974L	2	3	1.26	0.35	黄	127.11	3.58	33.97	4	14.62

GPMS0976L 木薯

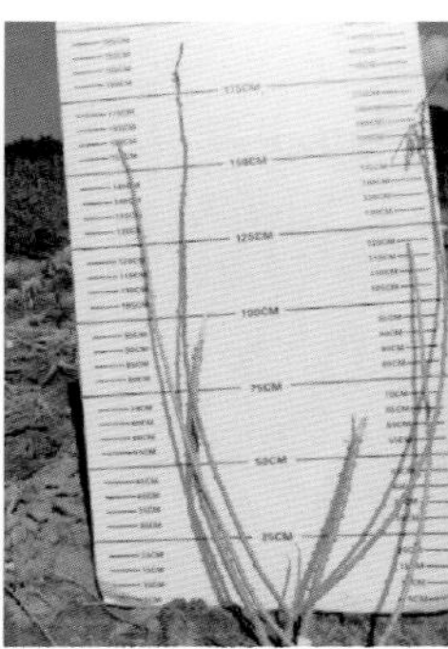

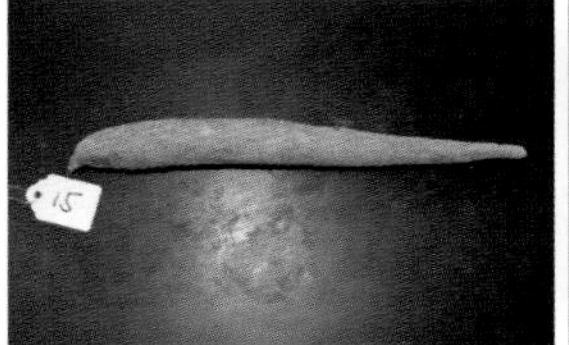
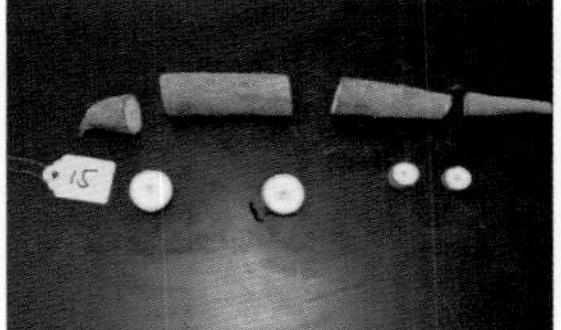
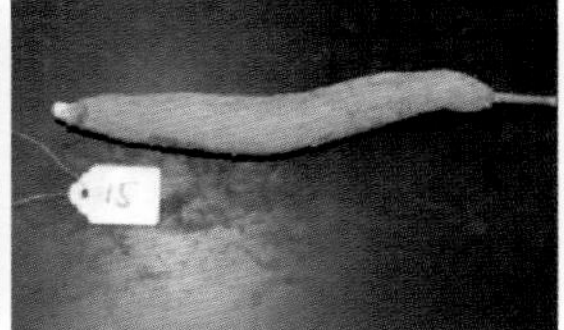
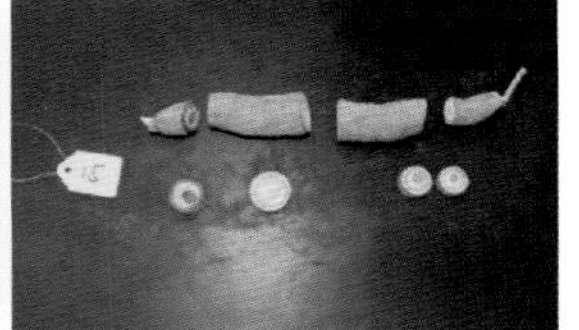

资源编号	资源名称	株高（cm）	主茎高（cm）	分枝长度（cm）	分枝数（个）	分枝角度（°）	株型（1 直立 2 紧凑 3 伞形）	株型（分杈 1 低 2 中 3 高）	节间密度（个 / 50 cm）	块根表皮（1 光滑 2 粗糙）	块根缢痕（1 无 2 有）	主茎粗（cm）
222	GPMS0976L	313.00	67.80	175.80	3	41.30	3	1	16.34	2	1	1.76

资源编号	资源名称	主茎外表皮颜色	主茎内表皮颜色	地上生物量（斤）	单株鲜薯重（斤）	薯肉颜色	氰苷含量（μg/g）	块根的β-胡萝卜素含量（μg/g）	淀粉含量（%）	耐采后腐烂等级	叶片净光合速率[μmol/(m²·s)]
		（1 灰白色 2 灰绿色 3 灰黄色 4 黄褐色 5 中等褐色 6 红褐色 7 深褐色）									
222	GPMS0976L	3	1	4.80	0.92	黄	22.78	3.14	35.57	4	11.81

GPMS0977L 木薯

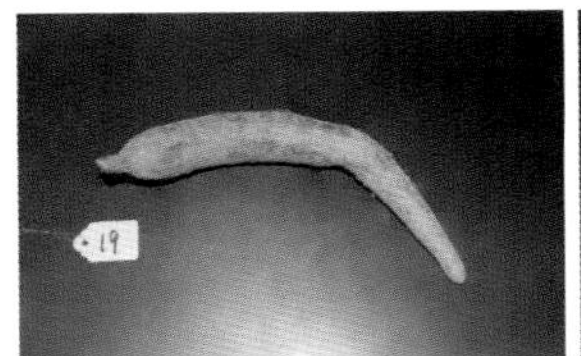

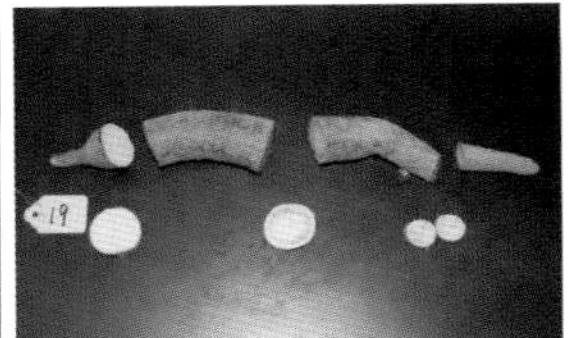

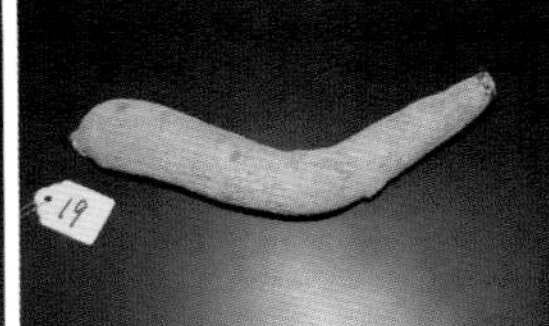

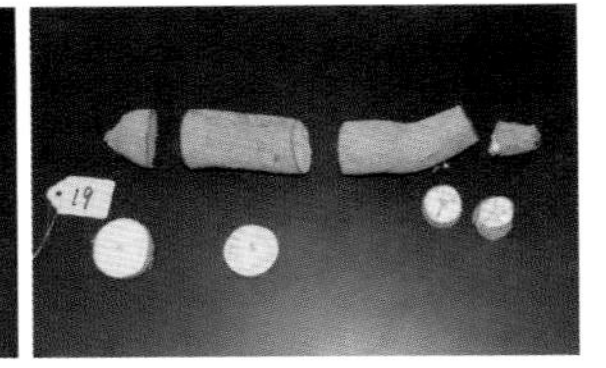

资源编号	资源名称	株高（cm）	主茎高（cm）	分枝长度（cm）	分枝数（个）	分枝角度（°）	株型（1 直立 2 紧凑 3 伞形）	株型（分杈 1 低 2 中 3 高）	节间密度（个 / 50 cm）	块根表皮（1 光滑 2 粗糙）	块根缢痕（1 无 2 有）	主茎粗（cm）
167	GPMS0977L	242.50	64.50	96.00	3	47.50	3	1	23.81	2	10	1.80

资源编号	资源名称	主茎外表皮颜色	主茎内表皮颜色	地上生物量（斤）	单株鲜薯重（斤）	薯肉颜色	氰苷含量（μg/g）	块根的β-胡萝卜素含量（μg/g）	淀粉含量（%）	耐采后腐烂等级	叶片净光合速率[μmol/(m²·s)]
		（1 灰白色 2 灰绿色 3 灰黄色 4 黄褐色 5 中等褐色 6 红褐色 7 深褐色）									
167	GPMS0977L	6	1	4.20	1.47	浅黄	13.12	3.71	34.77	4	17.38

GPMS0978L 木薯

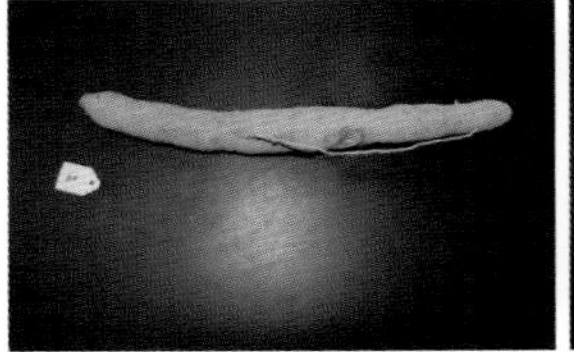
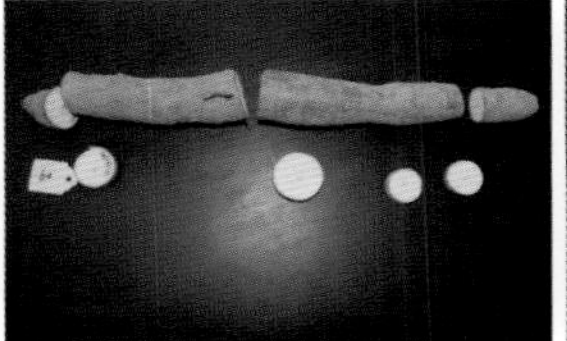
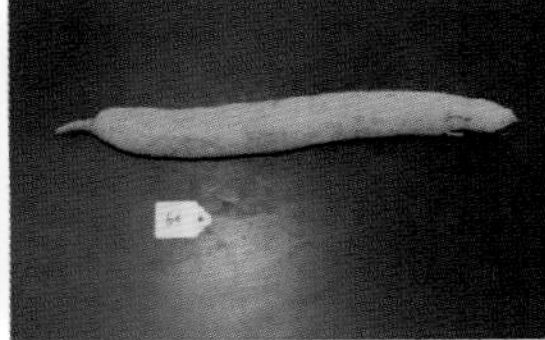
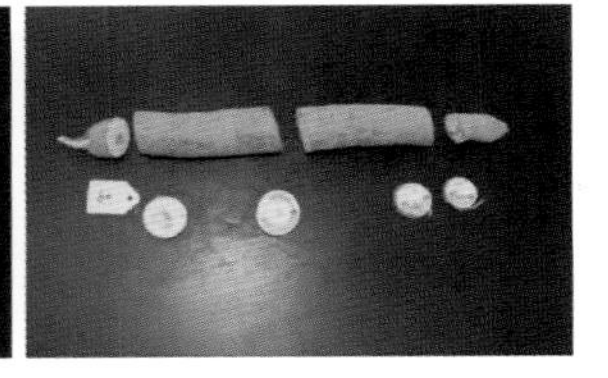

资源编号	资源名称	株高（cm）	主茎高（cm）	分枝长度（cm）	分枝数（个）	分枝角度（°）	株型（1 直立 2 紧凑 3 伞形）	株型（分杈 1 低 2 中 3 高）	节间密度（个 / 50 cm）	块根表皮（1 光滑 2 粗糙）	块根缢痕（1 无 2 有）	主茎粗（cm）
175	GPMS0978L	196.50	156.00	40.50	2	37.50	3	3	12.35	2	1	2.97

资源编号	资源名称	主茎外表皮颜色	主茎内表皮颜色	地上生物量（斤）	单株鲜薯重（斤）	薯肉颜色	氰苷含量（μg/g）	块根的β-胡萝卜素含量（μg/g）	淀粉含量（%）	耐采后腐烂等级	叶片净光合速率[μmol/(m^2·s)]
		（1 灰白色 2 灰绿色 3 灰黄色 4 黄褐色 5 中等褐色 6 红褐色 7 深褐色）									
175	GPMS0978L	3	1	4.40	3.70	浅黄	22.41	2.71	33.89	2.50	17.61

GPMS0979L 木薯

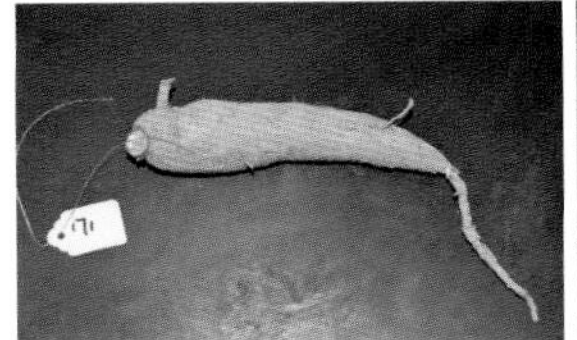
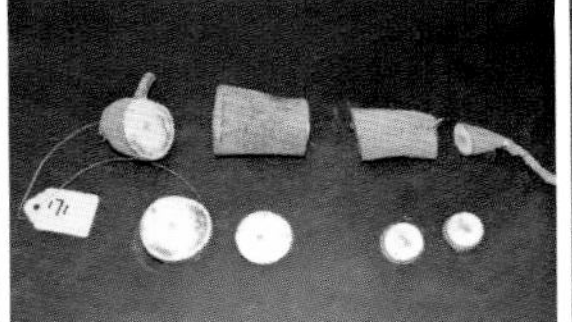
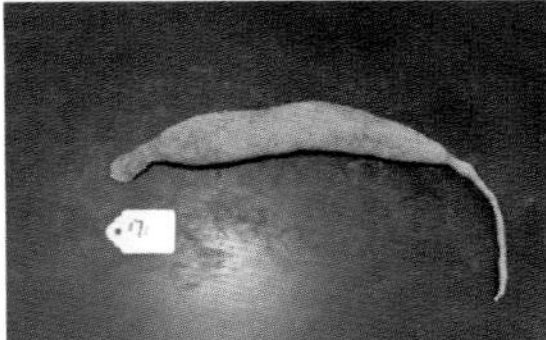

资源编号	资源名称	株高（cm）	主茎高（cm）	分枝长度（cm）	分枝数（个）	分枝角度（°）	株型（1 直立 2 紧凑 3 伞形）	株型（分杈 1 低 2 中 3 高）	节间密度（个 / 50 cm）	块根表皮（1 光滑 2 粗糙）	块根缢痕（1 无 2 有）	主茎粗（cm）
166	GPMS0979L	262.75	80.30	125.50	3	39	3	2	17.24	2	2	2.68

资源编号	资源名称	主茎外表皮颜色	主茎内表皮颜色	地上生物量（斤）	单株鲜薯重（斤）	薯肉颜色	氰苷含量（μg/g）	块根的β-胡萝卜素含量（μg/g）	淀粉含量（%）	耐采后腐烂等级	叶片净光合速率[μmol/(m²·s)]
		（1 灰白色 2 灰绿色 3 灰黄色 4 黄褐色 5 中等褐色 6 红褐色 7 深褐色）									
166	GPMS0979L	6	1	6.80	2.24	黄	109.58	0.13	32.61	4	17.13

GPMS0980L 木薯

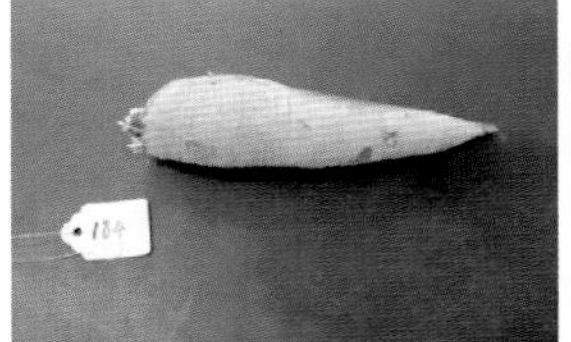
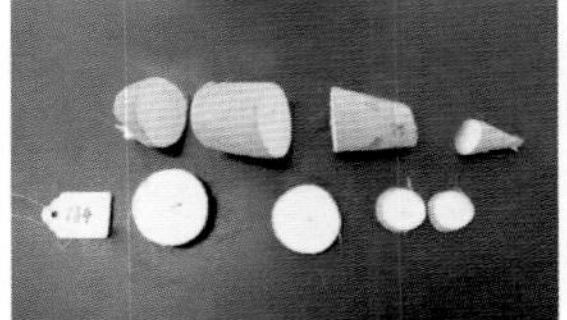
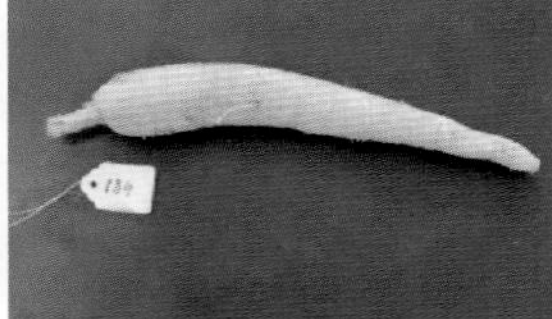
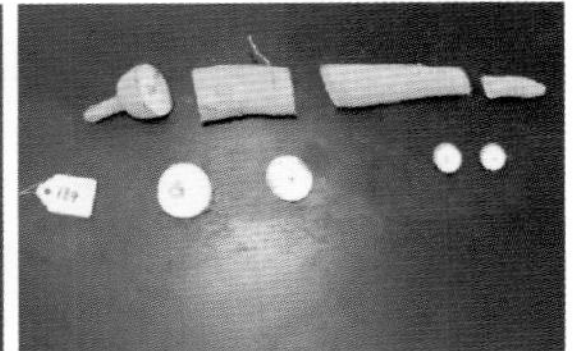

资源编号	资源名称	株高（cm）	主茎高（cm）	分枝长度（cm）	分枝数（个）	分枝角度（°）	株型（1 直立 2 紧凑 3 伞形）	株型（分杈 1 低 2 中 3 高）	节间密度（个/50 cm）	块根表皮（1 光滑 2 粗糙）	块根缢痕（1 无 2 有）	主茎粗（cm）
164	GPMS0980L	220.80	65.00	107.60	3	48	3	1	13.66	1	2	2.42

资源编号	资源名称	主茎外表皮颜色	主茎内表皮颜色	地上生物量（斤）	单株鲜薯重（斤）	薯肉颜色	氰苷含量（μg/g）	块根的β-胡萝卜素含量（μg/g）	淀粉含量（%）	耐采后腐烂等级	叶片净光合速率[μmol/(m²·s)]
		（1 灰白色 2 灰绿色 3 灰黄色 4 黄褐色 5 中等褐色 6 红褐色 7 深褐色）									
164	GPMS0980L	1	1	4.40	0.51	黄	56.59	3.90	38.16	3	16.90

GPMS0981L 木薯

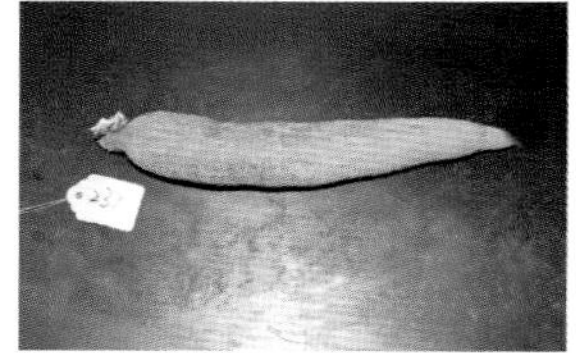
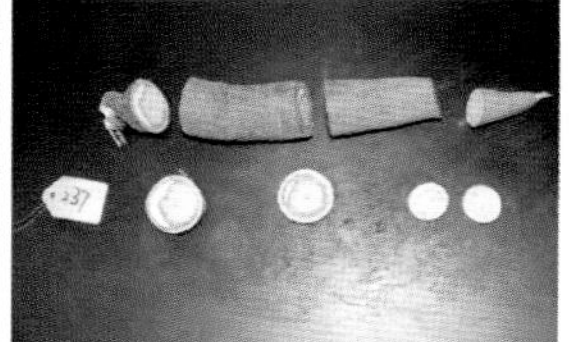

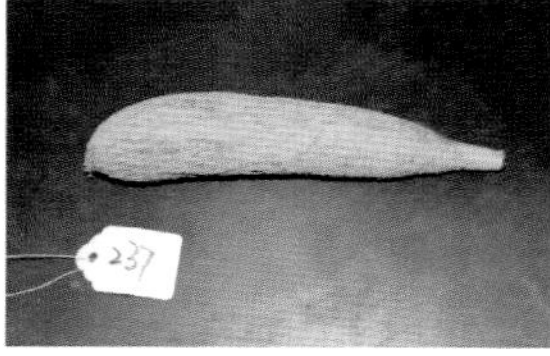

资源编号	资源名称	株高（cm）	主茎高（cm）	分枝长度（cm）	分枝数（个）	分枝角度（°）	株型（1 直立 2 紧凑 3 伞形）	株型（分杈 1 低 2 中 3 高）	节间密度（个 / 50 cm）	块根表皮（1 光滑 2 粗糙）	块根缢痕（1 无 2 有）	主茎粗（cm）
174	GPMS0981L	228.00	52.00	101.80	2.25	32.50	3	1	15.51	2	2	2.33

资源编号	资源名称	主茎外表皮颜色	主茎内表皮颜色	地上生物量（斤）	单株鲜薯重（斤）	薯肉颜色	氰苷含量（μg/g）	块根的β-胡萝卜素含量（μg/g）	淀粉含量（%）	耐采后腐烂等级	叶片净光合速率[μmol/(m²·s)]
		（1 灰白色 2 灰绿色 3 灰黄色 4 黄褐色 5 中等褐色 6 红褐色 7 深褐色）									
174	GPMS0981L	3	1	7.30	21.26	浅黄	16.38	6.00	39.83	4	15.09

GPMS0983L 木薯

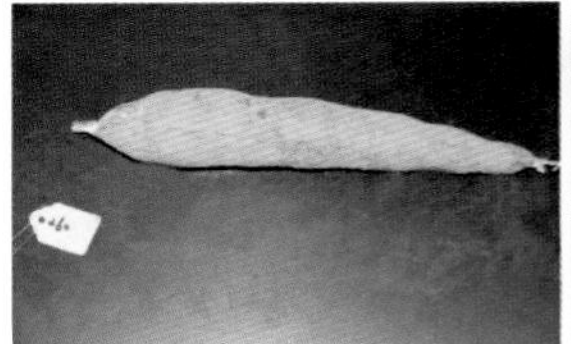
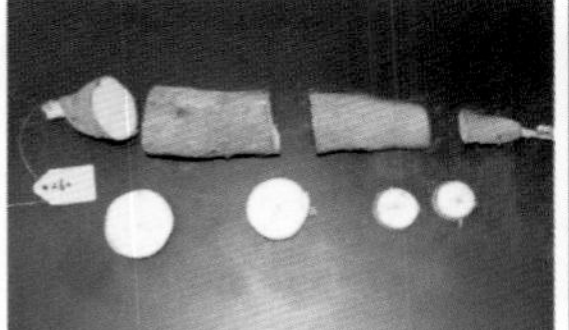
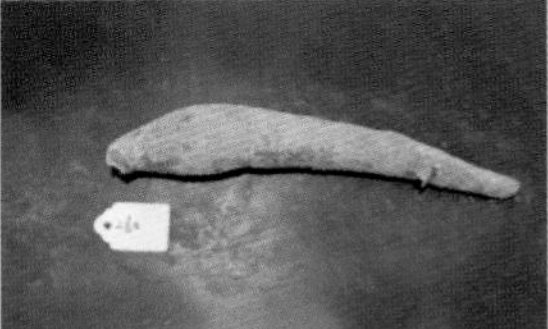
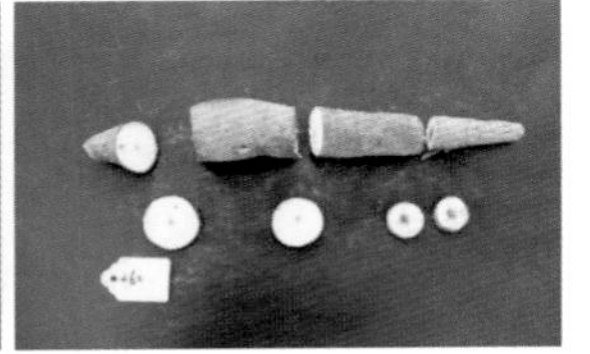

资源编号	资源名称	株高（cm）	主茎高（cm）	分枝长度（cm）	分枝数（个）	分枝角度（°）	株型（1 直立 2 紧凑 3 伞形）	株型（分杈 1 低 2 中 3 高）	节间密度（个/50 cm）	块根表皮（1 光滑 2 粗糙）	块根缢痕（1 无 2 有）	主茎粗（cm）
170	GPMS0983L	236.00	110.00	90.00	3	55	3	2	11.36	2	2	3.30

资源编号	资源名称	主茎外表皮颜色	主茎内表皮颜色	地上生物量（斤）	单株鲜薯重（斤）	薯肉颜色	氰苷含量（μg/g）	块根的β-胡萝卜素含量（μg/g）	淀粉含量（%）	耐采后腐烂等级	叶片净光合速率[μmol/(m^2·s)]
		（1 灰白色 2 灰绿色 3 灰黄色 4 黄褐色 5 中等褐色 6 红褐色 7 深褐色）									
170	GPMS0983L	6	1	5	19.26	白	62.81	0.07	26.12	4	15.08

GPMS0984L 木薯

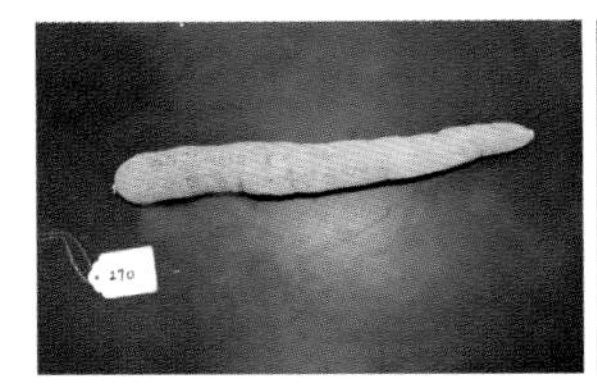
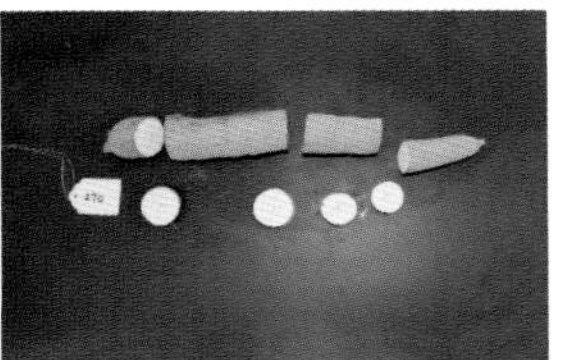

资源编号	资源名称	株高（cm）	主茎高（cm）	分枝长度（cm）	分枝数（个）	分枝角度（°）	株型（1 直立 2 紧凑 3 伞形）	株型（分杈 1 低 2 中 3 高）	节间密度（个 / 50 cm）	块根表皮（1 光滑 2 粗糙）	块根缢痕（1 无 2 有）	主茎粗（cm）
162	GPMS0984L	179.75	66.50	81.00	3	36.25	3	1	13.61	2	2	2.15

资源编号	资源名称	主茎外表皮颜色	主茎内表皮颜色	地上生物量（斤）	单株鲜薯重（斤）	薯肉颜色	氰苷含量（μg/g）	块根的β-胡萝卜素含量（μg/g）	淀粉含量（%）	耐采后腐烂等级	叶片净光合速率[μmol/(m²·s)]
		（1 灰白色 2 灰绿色 3 灰黄色 4 黄褐色 5 中等褐色 6 红褐色 7 深褐色）									
162	GPMS0984L	6	1	5.53	4.20	浅黄	26.53	3.60	23.71	4	15.65

GPMS0986L 木薯

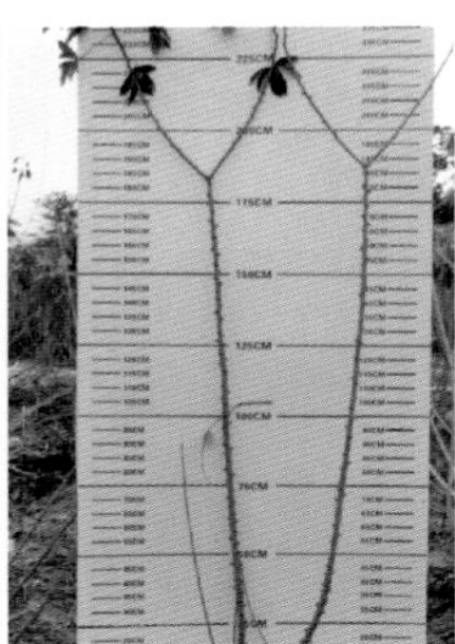

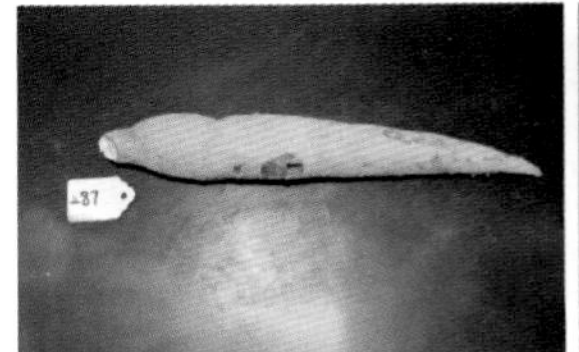

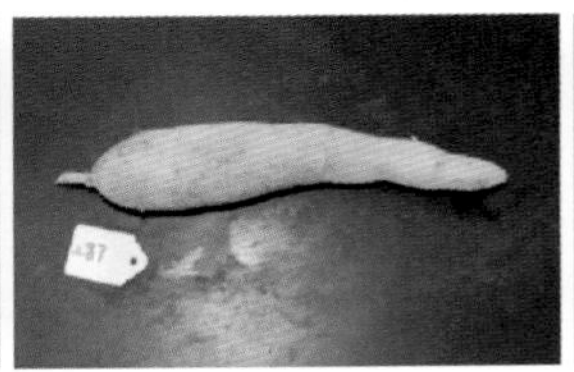
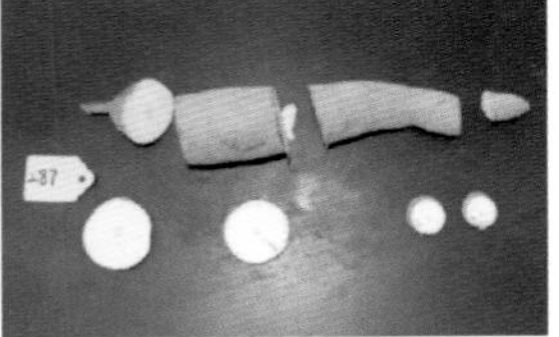

资源编号	资源名称	株高（cm）	主茎高（cm）	分枝长度（cm）	分枝数（个）	分枝角度（°）	株型（1 直立 2 紧凑 3 伞形）	株型（分杈 1 低 2 中 3 高）	节间密度（个 / 50 cm）	块根表皮（1 光滑 2 粗糙）	块根缢痕（1 无 2 有）	主茎粗（cm）
169	GPMS0986L	235.20	179.00	56.00	2	38	3	3	13.16	2	2	2.22

资源编号	资源名称	主茎外表皮颜色	主茎内表皮颜色	地上生物量（斤）	单株鲜薯重（斤）	薯肉颜色	氰苷含量（μg/g）	块根的β-胡萝卜素含量（μg/g）	淀粉含量（%）	耐采后腐烂等级	叶片净光合速率[μmol/(m²·s)]
		（1 灰白色 2 灰绿色 3 灰黄色 4 黄褐色 5 中等褐色 6 红褐色 7 深褐色）									
169	GPMS0986L	5	1	3.50	3.93	白	29.02	0.09	34.76	4	16.38

GPMS0987L 木薯

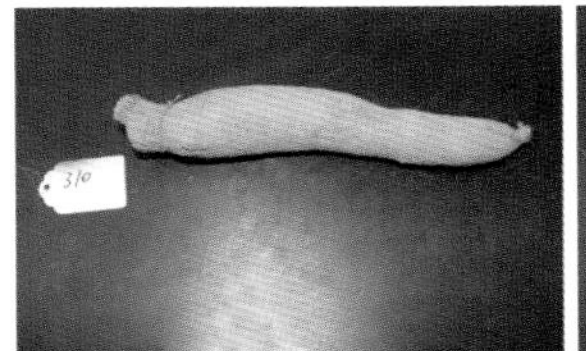
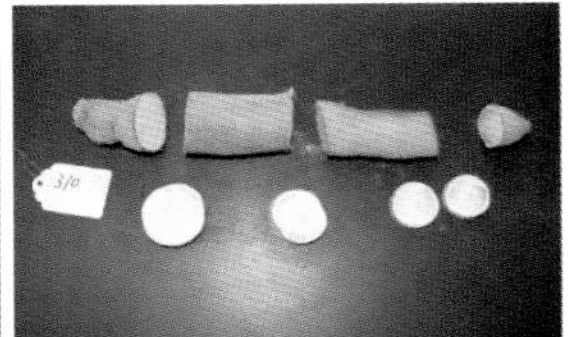
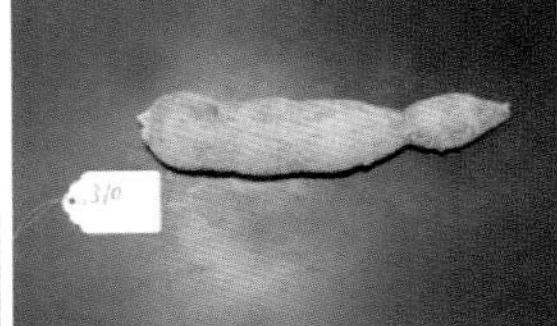

资源编号	资源名称	株高（cm）	主茎高（cm）	分枝长度（cm）	分枝数（个）	分枝角度（°）	株型（1直立 2紧凑 3伞形）	株型（分杈 1低 2中 3高）	节间密度（个/50 cm）	块根表皮（1光滑 2粗糙）	块根缢痕（1无 2有）	主茎粗（cm）
180	GPMS0987L	228.20	115.00	111.00	2	38	3	2	16.13	2	2	3.04

资源编号	资源名称	主茎外表皮颜色	主茎内表皮颜色	地上生物量（斤）	单株鲜薯重（斤）	薯肉颜色	氰苷含量（μg/g）	块根的β-胡萝卜素含量（μg/g）	淀粉含量（%）	耐采后腐烂等级	叶片净光合速率[μmol/(m²·s)]
		（1灰白色 2灰绿色 3灰黄色 4黄褐色 5中等褐色 6红褐色 7深褐色）									
180	GPMS0987L	4	1	3.02	1.42	浅黄	97.86	2.78	37.01	4	15.47

GPMS0988L 木薯

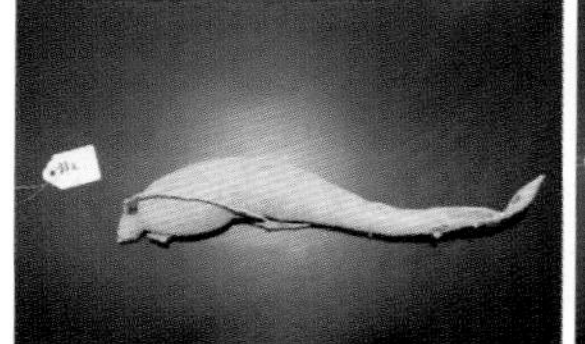
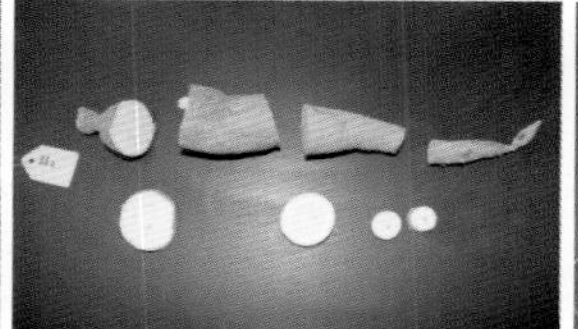

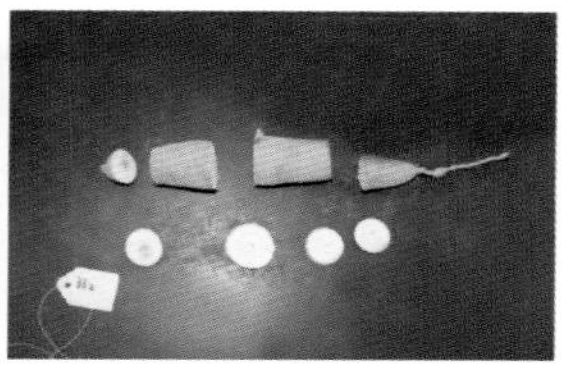

资源编号	资源名称	株高（cm）	主茎高（cm）	分枝长度（cm）	分枝数（个）	分枝角度（°）	株型（1直立 2紧凑 3伞形）	株型（分杈 1低 2中 3高）	节间密度（个/50 cm）	块根表皮（1光滑 2粗糙）	块根缢痕（1无 2有）	主茎粗（cm）
182	GPMS0988L	244.20	142.00	83.00	2	45	1	1	15.53	2	2	2.56

资源编号	资源名称	主茎外表皮颜色	主茎内表皮颜色	地上生物量（斤）	单株鲜薯重（斤）	薯肉颜色	氰苷含量（μg/g）	块根的β-胡萝卜素含量（μg/g）	淀粉含量（%）	耐采后腐烂等级	叶片净光合速率[μmol/(m²·s)]
		（1灰白色 2灰绿色 3灰黄色 4黄褐色 5中等褐色 6红褐色 7深褐色）									
182	GPMS0988L	2	3	5.64	4.03	浅黄	15.66	3.43	29.97	4	15.14

GPMS0989L 木薯

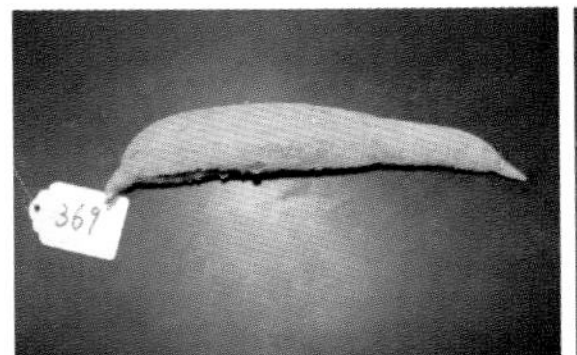

资源编号	资源名称	株高（cm）	主茎高（cm）	分枝长度（cm）	分枝数（个）	分枝角度（°）	株型（1 直立 2 紧凑 3 伞形）	株型（分杈 1 低 2 中 3 高）	节间密度（个 / 50 cm）	块根表皮（1 光滑 2 粗糙）	块根缢痕（1 无 2 有）	主茎粗（cm）
177	GPMS0989L	265.40	28.40	87.20	4	51	3	1	14.88	2	2	2.84

资源编号	资源名称	主茎外表皮颜色	主茎内表皮颜色	地上生物量（斤）	单株鲜薯重（斤）	薯肉颜色	氰苷含量（μg/g）	块根的β-胡萝卜素含量（μg/g）	淀粉含量（%）	耐采后腐烂等级	叶片净光合速率[μmol/(m²·s)]
		（1 灰白色 2 灰绿色 3 灰黄色 4 黄褐色 5 中等褐色 6 红褐色 7 深褐色）									
177	GPMS0989L	2	2	3.68	2.36	浅黄	42.16	1.22	38.90	4	17.00

GPMS0992L 木薯

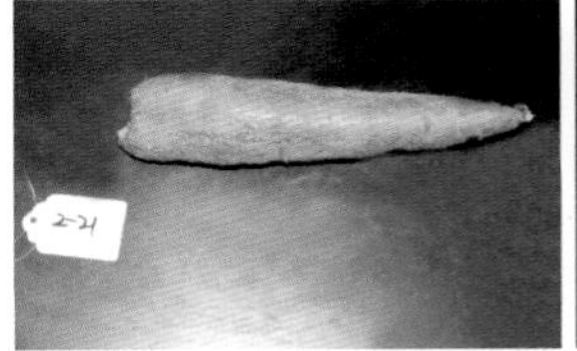
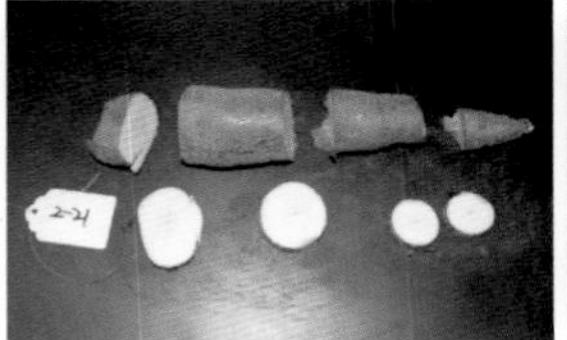
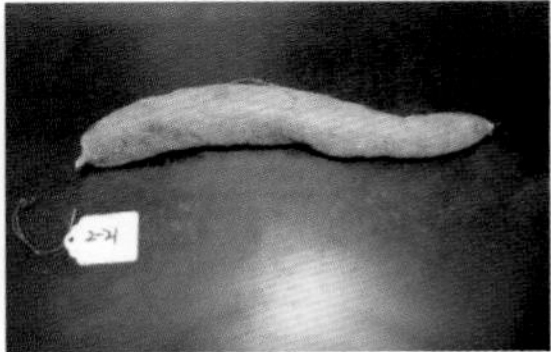

资源编号	资源名称	株高（cm）	主茎高（cm）	分枝长度（cm）	分枝数（个）	分枝角度（°）	株型（1 直立 2 紧凑 3 伞形）	株型（分杈 1 低 2 中 3 高）	节间密度（个/50 cm）	块根表皮（1 光滑 2 粗糙）	块根缢痕（1 无 2 有）	主茎粗（cm）
200	GPMS0992L	345.00	83.33	122.33	3	40	2	2	20.27	2	1	3.93

资源编号	资源名称	主茎外表皮颜色	主茎内表皮颜色	地上生物量（斤）	单株鲜薯重（斤）	薯肉颜色	氰苷含量（μg/g）	块根的β-胡萝卜素含量（μg/g）	淀粉含量（%）	耐采后腐烂等级	叶片净光合速率[μmol/(m²·s)]
		（1 灰白色 2 灰绿色 3 灰黄色 4 黄褐色 5 中等褐色 6 红褐色 7 深褐色）									
200	GPMS0992L	7	3	11.88	4.52	黄	60.64	0.89	11.38	2.50	18.55

GPMS0993L 木薯

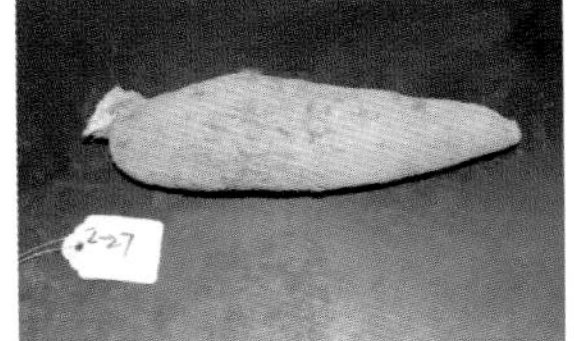

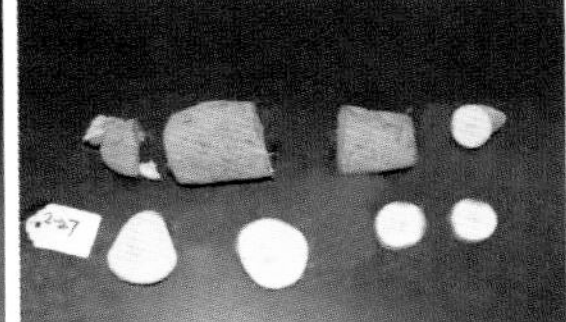

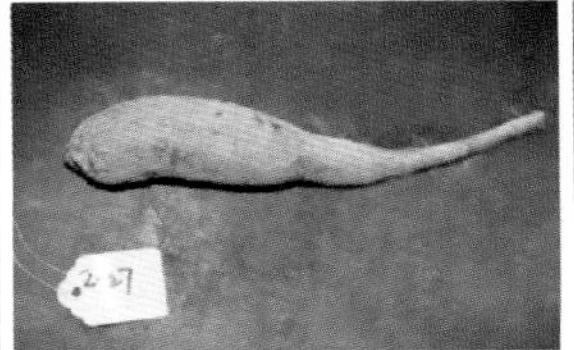

资源编号	资源名称	株高（cm）	主茎高（cm）	分枝长度（cm）	分枝数（个）	分枝角度（°）	株型（1 直立 2 紧凑 3 伞形）	株型（分杈 1 低 2 中 3 高）	节间密度（个 / 50 cm）	块根表皮（1 光滑 2 粗糙）	块根缢痕（1 无 2 有）	主茎粗（cm）
203	GPMS0993L	276.00	62.00	81.00	3	35	2	1	17.24	1	1	3.40

资源编号	资源名称	主茎外表皮颜色	主茎内表皮颜色	地上生物量（斤）	单株鲜薯重（斤）	薯肉颜色	氰苷含量（μg/g）	块根的β-胡萝卜素含量（μg/g）	淀粉含量（%）	耐采后腐烂等级	叶片净光合速率[μmol/(m²·s)]
		（1 灰白色 2 灰绿色 3 灰黄色 4 黄褐色 5 中等褐色 6 红褐色 7 深褐色）									
203	GPMS0993L	5	3	15.88	10.69	黄	45.49	7.24	18.01	4	15.43

GPMS0994L 木薯

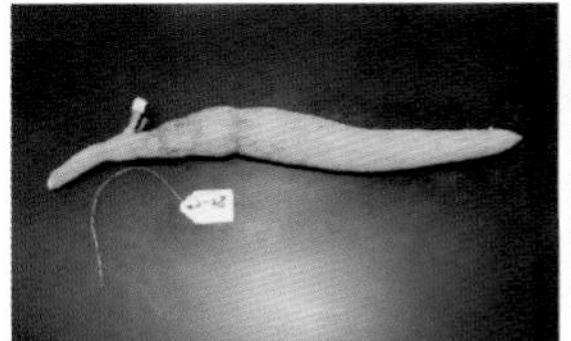

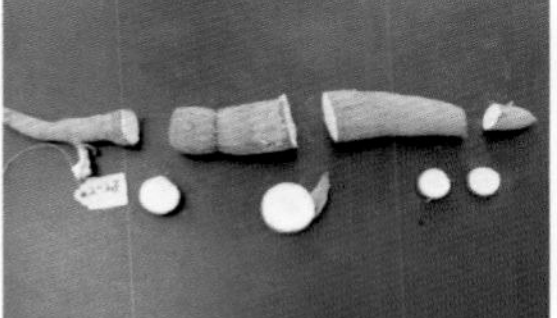

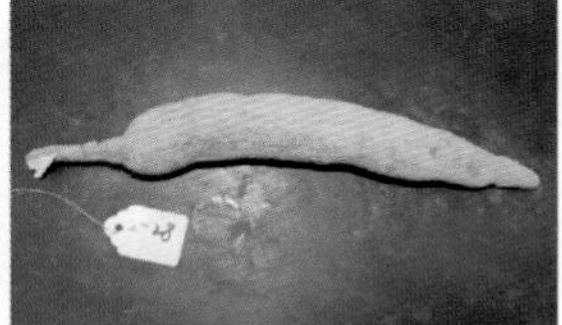

资源编号	资源名称	株高（cm）	主茎高（cm）	分枝长度（cm）	分枝数（个）	分枝角度（°）	株型（1 直立 2 紧凑 3 伞形）	株型（分杈 1 低 2 中 3 高）	节间密度（个 / 50 cm）	块根表皮（1 光滑 2 粗糙）	块根缢痕（1 无 2 有）	主茎粗（cm）
185	GPMS0994L	260.00	75.00	105.00	2	25	3	1	19.23	2	2	2.50

资源编号	资源名称	主茎外表皮颜色	主茎内表皮颜色	地上生物量（斤）	单株鲜薯重（斤）	薯肉颜色	氰苷含量（μg/g）	块根的β-胡萝卜素含量（μg/g）	淀粉含量（%）	耐采后腐烂等级	叶片净光合速率[μmol/(m²·s)]
		（1 灰白色 2 灰绿色 3 灰黄色 4 黄褐色 5 中等褐色 6 红褐色 7 深褐色）									
185	GPMS0994L	5	3	6.43	3.82	浅黄	157.93	2.95	17.39	4	15.49

GPMS0995L 木薯

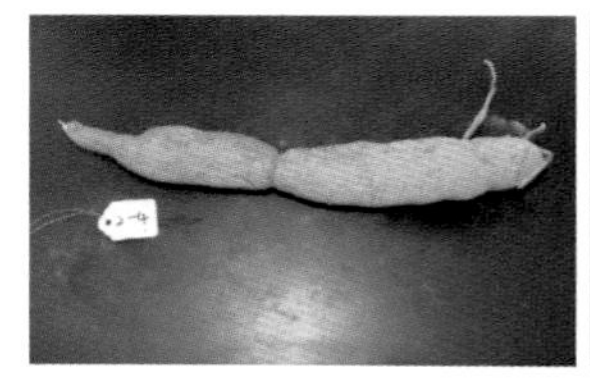
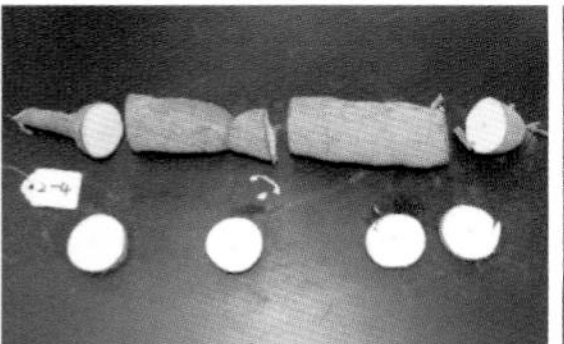
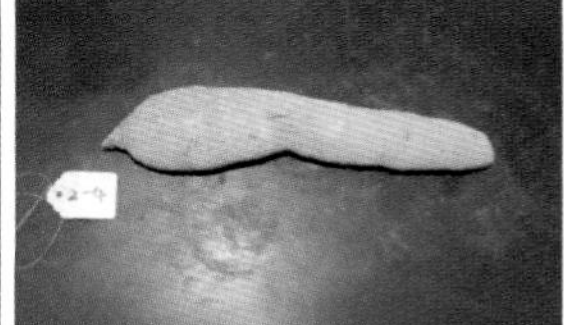

资源编号	资源名称	株高（cm）	主茎高（cm）	分枝长度（cm）	分枝数（个）	分枝角度（°）	株型（1 直立 2 紧凑 3 伞形）	株型（分杈 1 低 2 中 3 高）	节间密度（个 / 50 cm）	块根表皮（1 光滑 2 粗糙）	块根缢痕（1 无 2 有）	主茎粗（cm）
190	GPMS0995L	288.00	94.20	108.60	2	33	3	1	17.24	2	1	2.66

资源编号	资源名称	主茎外表皮颜色	主茎内表皮颜色	地上生物量（斤）	单株鲜薯重（斤）	薯肉颜色	氰苷含量（μg/g）	块根的β-胡萝卜素含量（μg/g）	淀粉含量（%）	耐采后腐烂等级	叶片净光合速率[μmol/(m²·s)]
		（1 灰白色 2 灰绿色 3 灰黄色 4 黄褐色 5 中等褐色 6 红褐色 7 深褐色）									
190	GPMS0995L	5	3	8.70	22.26	白	69.69	0.17	15.88	4	17.17

GPMS0996L 木薯

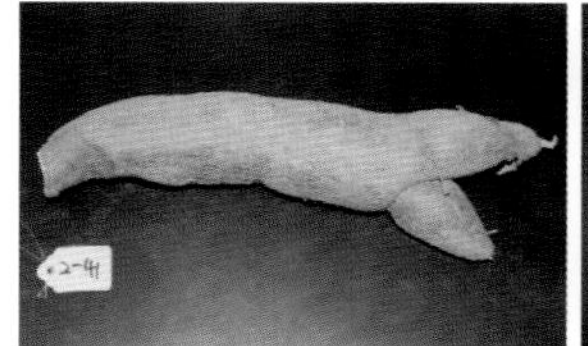
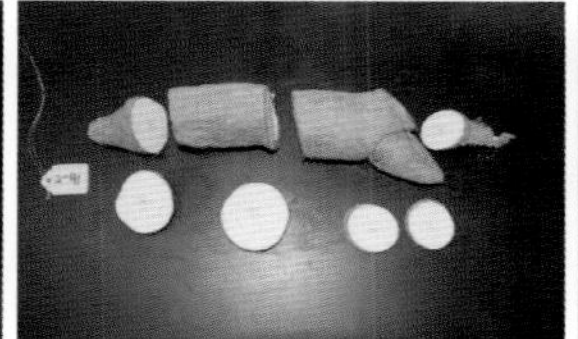
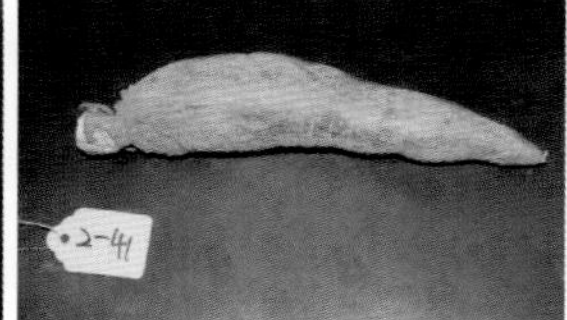
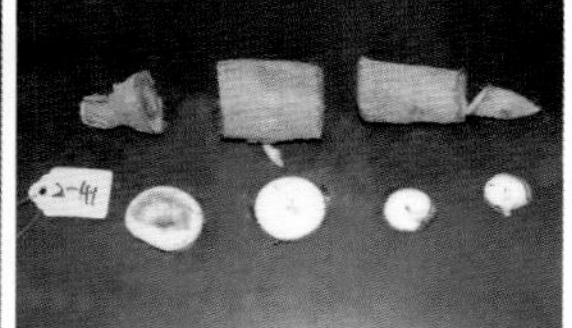

资源编号	资源名称	株高（cm）	主茎高（cm）	分枝长度（cm）	分枝数（个）	分枝角度（°）	株型（1 直立 2 紧凑 3 伞形）	株型（分杈 1 低 2 中 3 高）	节间密度（个/50 cm）	块根表皮（1 光滑 2 粗糙）	块根缢痕（1 无 2 有）	主茎粗（cm）
205	GPMS0996L	287.80	65.20	121.60	2	35	3	1	19.23	2	2	2.32

资源编号	资源名称	主茎外表皮颜色	主茎内表皮颜色	地上生物量（斤）	单株鲜薯重（斤）	薯肉颜色	氰苷含量（μg/g）	块根的β-胡萝卜素含量（μg/g）	淀粉含量（%）	耐采后腐烂等级	叶片净光合速率[μmol/(m²·s)]
		（1 灰白色 2 灰绿色 3 灰黄色 4 黄褐色 5 中等褐色 6 红褐色 7 深褐色）									
205	GPMS0996L	5	3	5.14	3.52	浅黄	59.92	0.14	9.74	4	16.32

GPMS0997L 木薯

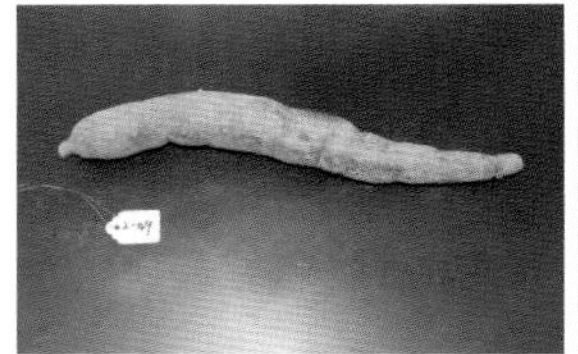
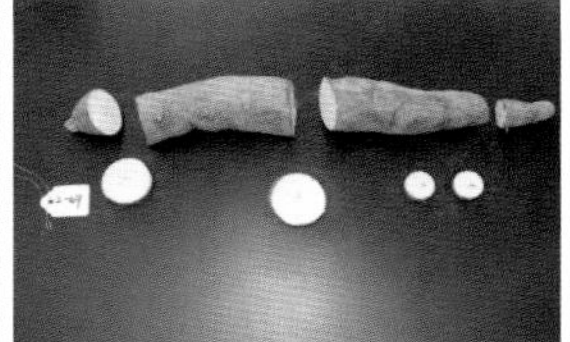
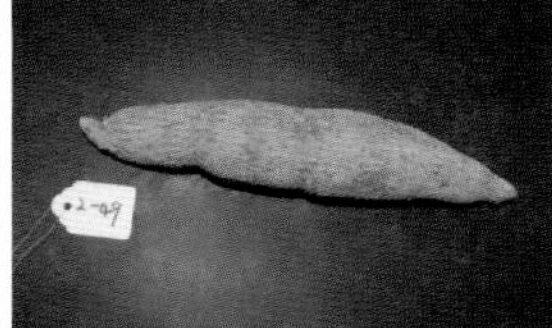
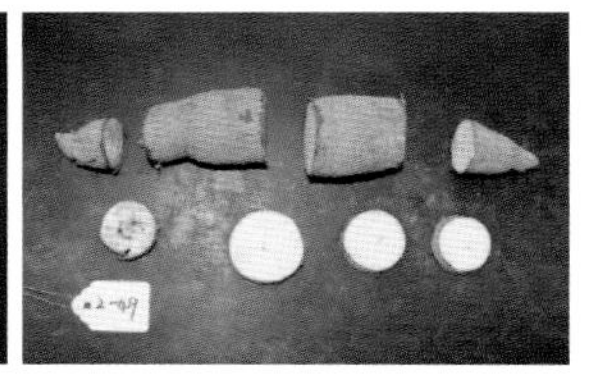

资源编号	资源名称	株高（cm）	主茎高（cm）	分枝长度（cm）	分枝数（个）	分枝角度（°）	株型（1 直立 2 紧凑 3 伞形）	株型（分杈 1 低 2 中 3 高）	节间密度（个 / 50 cm）	块根表皮（1 光滑 2 粗糙）	块根缢痕（1 无 2 有）	主茎粗（cm）
189	GPMS0997L	254.50	50.00	101.50	3	37.50	3	1	17.24	2	1	2.80

资源编号	资源名称	主茎外表皮颜色	主茎内表皮颜色	地上生物量（斤）	单株鲜薯重（斤）	薯肉颜色	氰苷含量（μg/g）	块根的β-胡萝卜素含量（μg/g）	淀粉含量（%）	耐采后腐烂等级	叶片净光合速率[μmol/(m²·s)]
		（1 灰白色 2 灰绿色 3 灰黄色 4 黄褐色 5 中等褐色 6 红褐色 7 深褐色）									
189	GPMS0997L	7	3	1.65	2.63	白	149.09	1.18	21.11	4	16.41

GPMS0998L 木薯

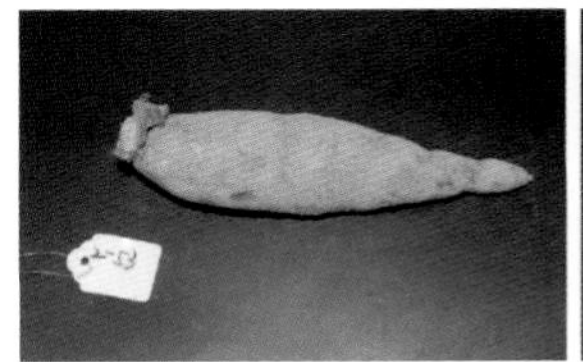
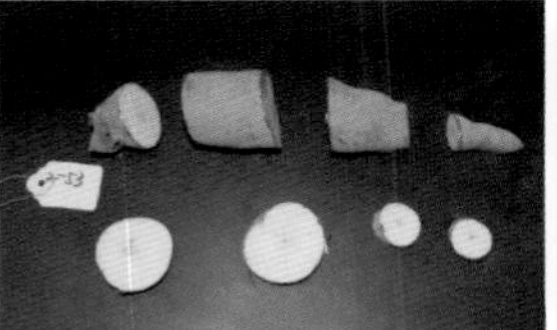
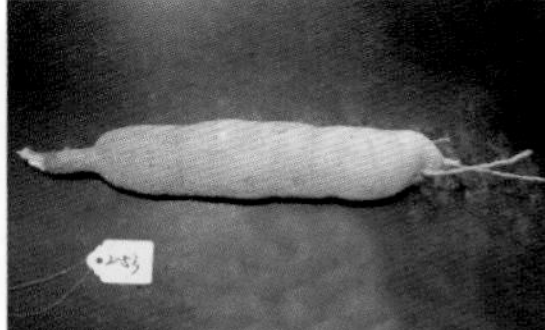
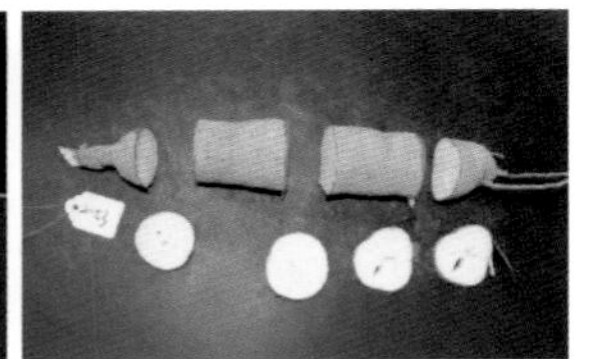

资源编号	资源名称	株高（cm）	主茎高（cm）	分枝长度（cm）	分枝数（个）	分枝角度（°）	株型（1 直立 2 紧凑 3 伞形）	株型（分杈 1 低 2 中 3 高）	节间密度（个/50 cm）	块根表皮（1 光滑 2 粗糙）	块根缢痕（1 无 2 有）	主茎粗（cm）
206	GPMS0998L	271.67	68.33	103.67	2	28.33	2	1	18.07	2	2	1.97

资源编号	资源名称	主茎外表皮颜色	主茎内表皮颜色	地上生物量（斤）	单株鲜薯重（斤）	薯肉颜色	氰苷含量（μg/g）	块根的β-胡萝卜素含量（μg/g）	淀粉含量（%）	耐采后腐烂等级	叶片净光合速率[μmol/(m²·s)]
		（1 灰白色 2 灰绿色 3 灰黄色 4 黄褐色 5 中等褐色 6 红褐色 7 深褐色）									
206	GPMS0998L	3	3	2.11	2.53	黄	67.72	3.41	12.27	4	16.04

GPMS0999L 木薯

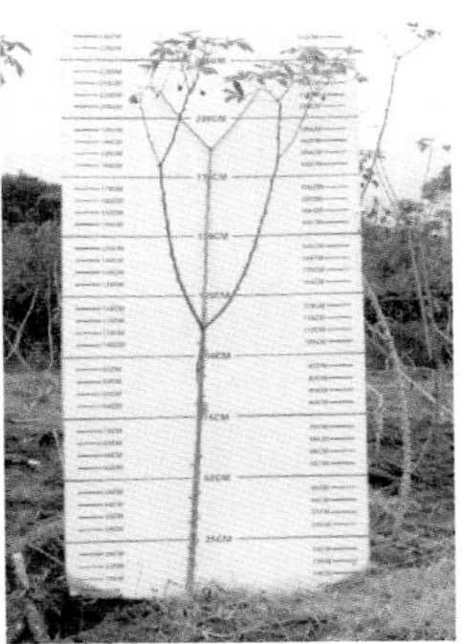

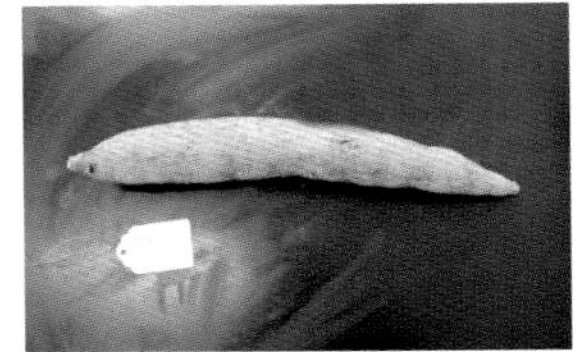
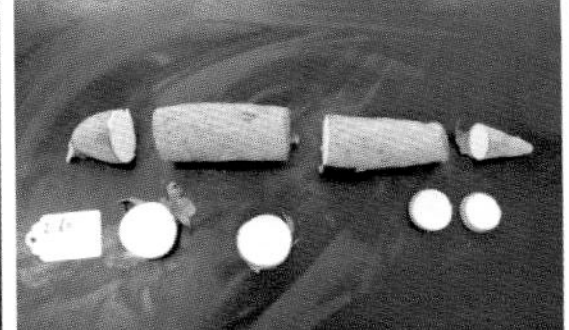
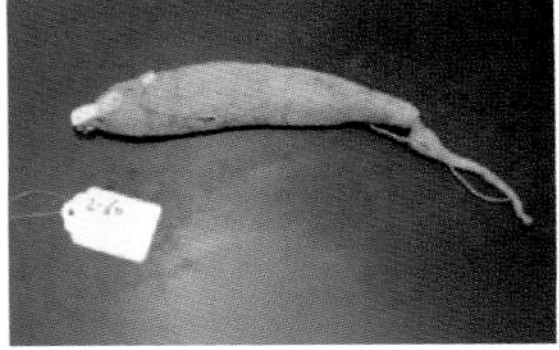

资源编号	资源名称	株高（cm）	主茎高（cm）	分枝长度（cm）	分枝数（个）	分枝角度（°）	株型（1 直立 2 紧凑 3 伞形）	株型（分杈 1 低 2 中 3 高）	节间密度（个 / 50 cm）	块根表皮（1 光滑 2 粗糙）	块根缢痕（1 无 2 有）	主茎粗（cm）
186	GPMS0999L	307.20	92.80	115.00	3	37	2	1.60	17.48	2	2	3.44

资源编号	资源名称	主茎外表皮颜色	主茎内表皮颜色	地上生物量（斤）	单株鲜薯重（斤）	薯肉颜色	氰苷含量（μg/g）	块根的β-胡萝卜素含量（μg/g）	淀粉含量（%）	耐采后腐烂等级	叶片净光合速率[μmol/(m²·s)]
		（1 灰白色 2 灰绿色 3 灰黄色 4 黄褐色 5 中等褐色 6 红褐色 7 深褐色）									
186	GPMS0999L	7	3	9.70	5.72	白	67.45	0.10	21.01	1	14.75

GPMS1000L 木薯

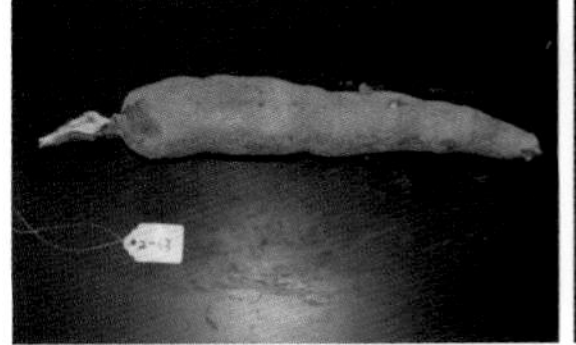
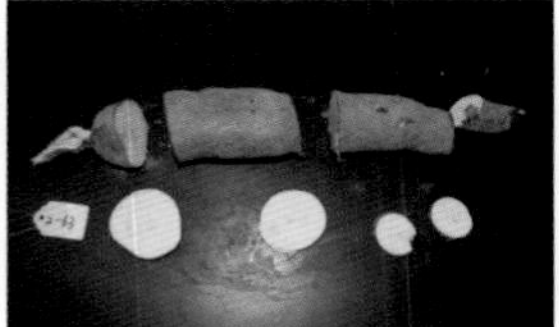
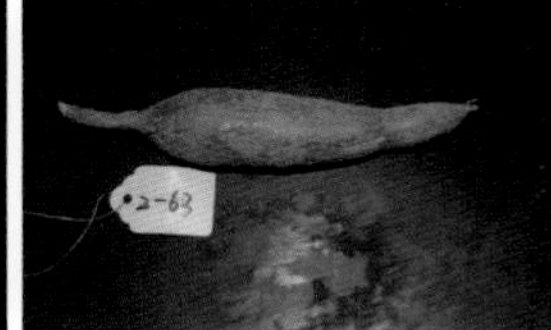
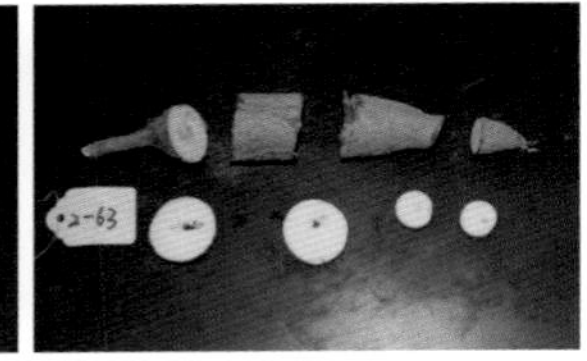

资源编号	资源名称	株高（cm）	主茎高（cm）	分枝长度（cm）	分枝数（个）	分枝角度（°）	株型（1 直立 2 紧凑 3 伞形）	株型（分杈 1 低 2 中 3 高）	节间密度（个/50 cm）	块根表皮（1 光滑 2 粗糙）	块根缢痕（1 无 2 有）	主茎粗（cm）
196	GPMS1000L	225.33	106.00	99.33	2	33	3	3	15.15	2	2	3.37

资源编号	资源名称	主茎外表皮颜色	主茎内表皮颜色	地上生物量（斤）	单株鲜薯重（斤）	薯肉颜色	氰苷含量（μg/g）	块根的β-胡萝卜素含量（μg/g）	淀粉含量（%）	耐采后腐烂等级	叶片净光合速率[μmol/(m²·s)]
		（1 灰白色 2 灰绿色 3 灰黄色 4 黄褐色 5 中等褐色 6 红褐色 7 深褐色）									
196	GPMS1000L	5	3	9.19	9.88	浅黄	20.01	0.20	10.26	4	16.97

GPMS1001L 木薯

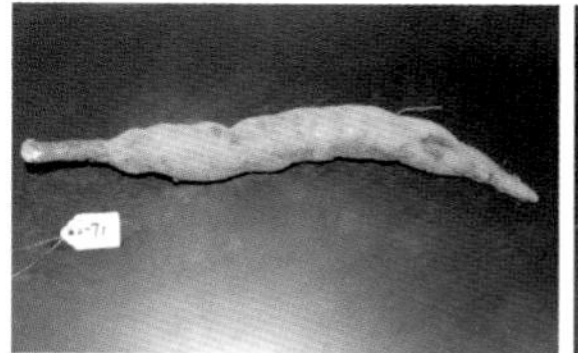
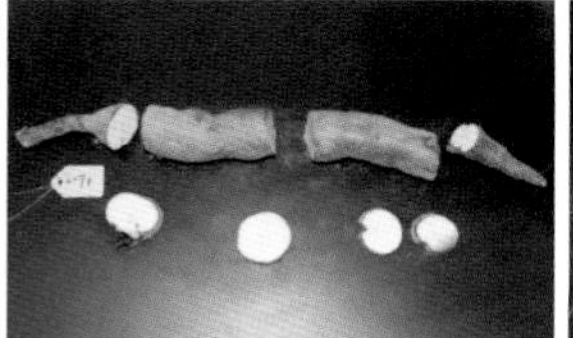
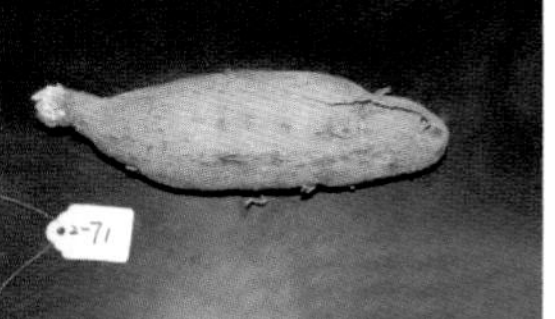
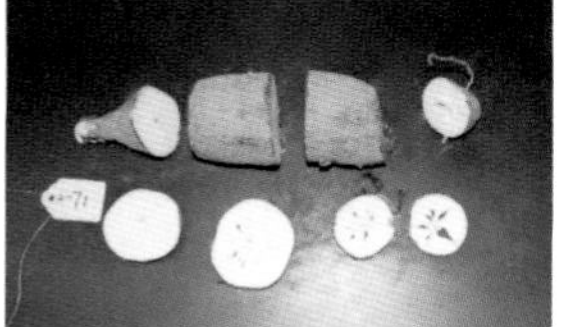

资源编号	资源名称	株高（cm）	主茎高（cm）	分枝长度（cm）	分枝数（个）	分枝角度（°）	株型（1 直立 2 紧凑 3 伞形）	株型（分杈 1 低 2 中 3 高）	节间密度（个 / 50 cm）	块根表皮（1 光滑 2 粗糙）	块根缢痕（1 无 2 有）	主茎粗（cm）
192	GPMS1001L	375.00	332.00	38.75	4	28.33	3	1	18.07	2	2	3.80

资源编号	资源名称	主茎外表皮颜色	主茎内表皮颜色	地上生物量（斤）	单株鲜薯重（斤）	薯肉颜色	氰苷含量（μg/g）	块根的β-胡萝卜素含量（μg/g）	淀粉含量（%）	耐采后腐烂等级	叶片净光合速率[μmol/(m²·s)]
		（1 灰白色 2 灰绿色 3 灰黄色 4 黄褐色 5 中等褐色 6 红褐色 7 深褐色）									
192	GPMS1001L	7	3	9.33	23.26	白	45.43	0.06	13.02	4	18.03

GPMS1002L 木薯

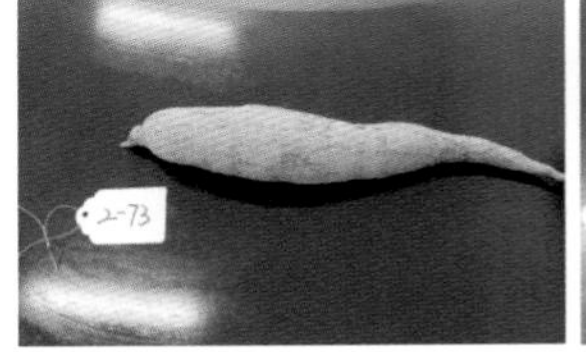

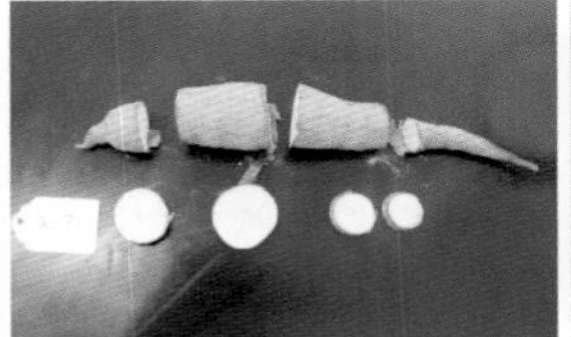
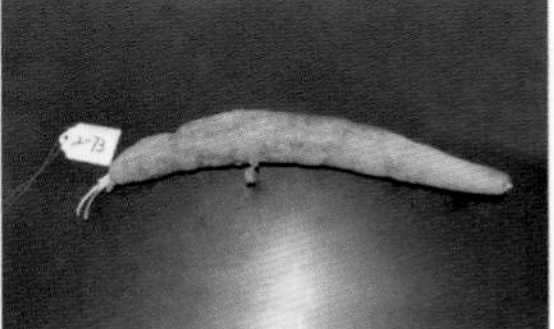
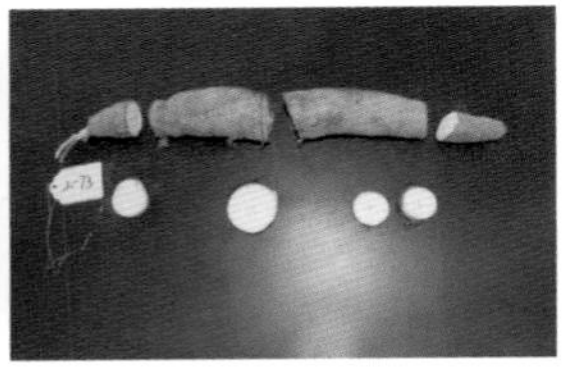

资源编号	资源名称	株高（cm）	主茎高（cm）	分枝长度（cm）	分枝数（个）	分枝角度（°）	株型（1 直立 2 紧凑 3 伞形）	株型（分杈 1 低 2 中 3 高）	节间密度（个 / 50 cm）	块根表皮（1 光滑 2 粗糙）	块根缢痕（1 无 2 有）	主茎粗（cm）
199	GPMS1002L	295.00	97.00	152.00	3	44	3	2	13.89	2	2	2.86

资源编号	资源名称	主茎外表皮颜色	主茎内表皮颜色	地上生物量（斤）	单株鲜薯重（斤）	薯肉颜色	氰苷含量（μg/g）	块根的β-胡萝卜素含量（μg/g）	淀粉含量（%）	耐采后腐烂等级	叶片净光合速率[μmol/(m²·s)]
		（1 灰白色 2 灰绿色 3 灰黄色 4 黄褐色 5 中等褐色 6 红褐色 7 深褐色）									
199	GPMS1002L	7	3	7.29	3.72	淡黄	43.83	0.90	18.27	4	15.33

GPMS1003L 木薯

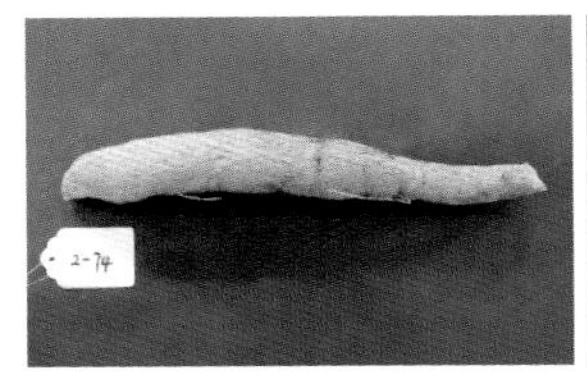

资源编号	资源名称	株高（cm）	主茎高（cm）	分枝长度（cm）	分枝数（个）	分枝角度（°）	株型（1 直立 2 紧凑 3 伞形）	株型（分杈 1 低 2 中 3 高）	节间密度（个/50 cm）	块根表皮（1 光滑 2 粗糙）	块根缢痕（1 无 2 有）	主茎粗（cm）
191	GPMS1003L	301.00	58.00	103.67	3	41	3	2	33.78	2	2	3.33

资源编号	资源名称	主茎外表皮颜色	主茎内表皮颜色	地上生物量（斤）	单株鲜薯重（斤）	薯肉颜色	氰苷含量（μg/g）	块根的β-胡萝卜素含量（μg/g）	淀粉含量（%）	耐采后腐烂等级	叶片净光合速率[μmol/(m²·s)]
		（1 灰白色 2 灰绿色 3 灰黄色 4 黄褐色 5 中等褐色 6 红褐色 7 深褐色）									
191	GPMS1003L	5	3	5.01	2.30	白	49.93	0.09	18.73	2.50	17.56

GPMS1004L 木薯

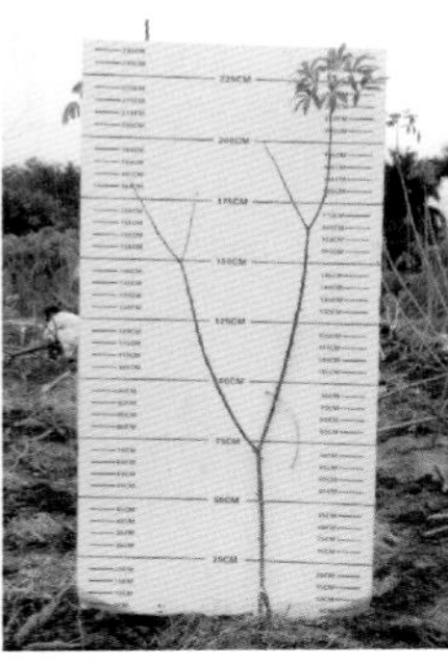

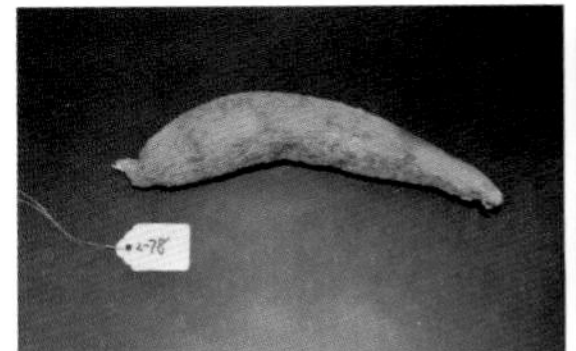
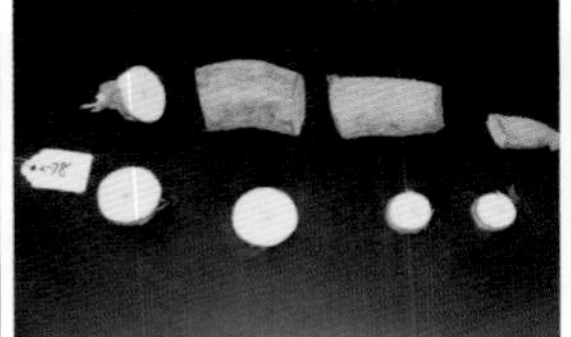
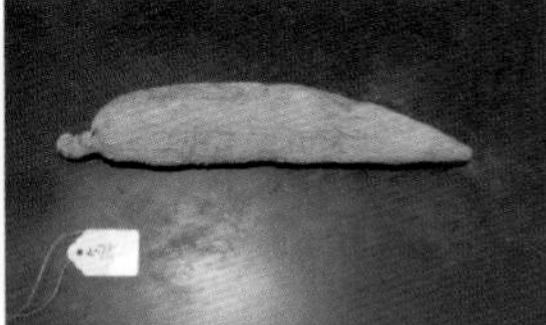

资源编号	资源名称	株高（cm）	主茎高（cm）	分枝长度（cm）	分枝数（个）	分枝角度（°）	株型（1 直立 2 紧凑 3 伞形）	株型（分杈 1 低 2 中 3 高）	节间密度（个 / 50 cm）	块根表皮（1 光滑 2 粗糙）	块根缢痕（1 无 2 有）	主茎粗（cm）
187	GPMS1004L	245.67	27.67	88.33	2	71.0	2	1	33.33	2	1	2.73

资源编号	资源名称	主茎外表皮颜色	主茎内表皮颜色	地上生物量（斤）	单株鲜薯重（斤）	薯肉颜色	氰苷含量（μg/g）	块根的β-胡萝卜素含量（μg/g）	淀粉含量（%）	耐采后腐烂等级	叶片净光合速率[μmol/(m²·s)]
		（1 灰白色 2 灰绿色 3 灰黄色 4 黄褐色 5 中等褐色 6 红褐色 7 深褐色）									
187	GPMS1004L	5	3	3.76	2.28	黄	25.47	0.44	16.75	3	13.51

GPMS1006L 木薯

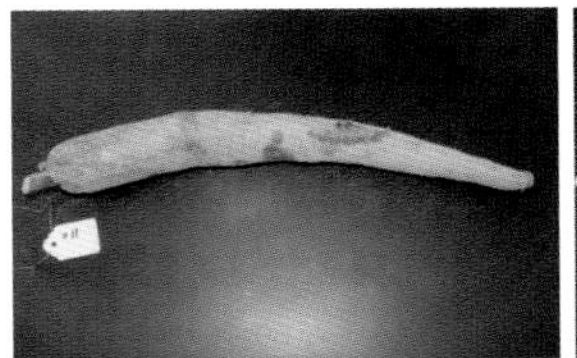
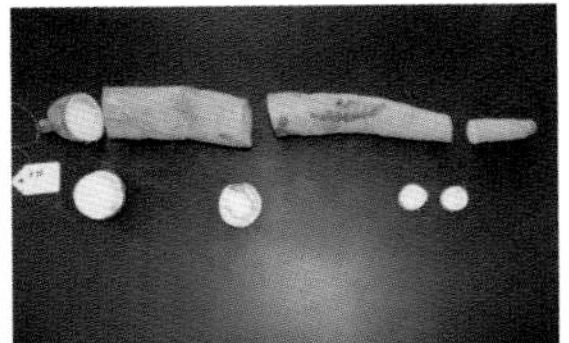
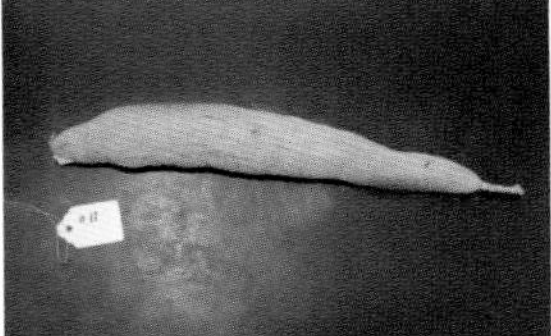
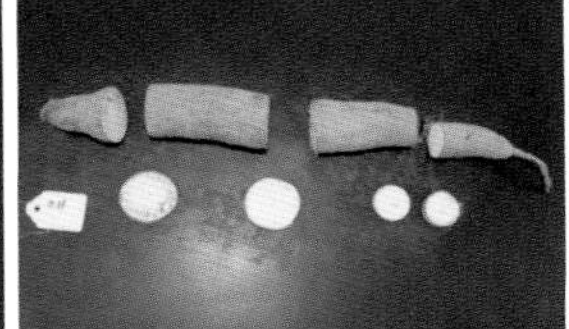

资源编号	资源名称	株高（cm）	主茎高（cm）	分枝长度（cm）	分枝数（个）	分枝角度（°）	株型（1 直立 2 紧凑 3 伞形）	株型（分杈 1 低 2 中 3 高）	节间密度（个/50 cm）	块根表皮（1 光滑 2 粗糙）	块根缢痕（1 无 2 有）	主茎粗（cm）
239	GPMS1006L	333.00	278.00	72.50	3	37	3	3	20.83	2	2	2

资源编号	资源名称	主茎外表皮颜色	主茎内表皮颜色	地上生物量（斤）	单株鲜薯重（斤）	薯肉颜色	氰苷含量（μg/g）	块根的β-胡萝卜素含量（μg/g）	淀粉含量（%）	耐采后腐烂等级	叶片净光合速率[μmol/(m^2·s)]
		（1 灰白色 2 灰绿色 3 灰黄色 4 黄褐色 5 中等褐色 6 红褐色 7 深褐色）									
239	GPMS1006L	5	3	5.34	3.83	白	10.52	0.13	31.34	4	13.26

GPMS1008L 木薯

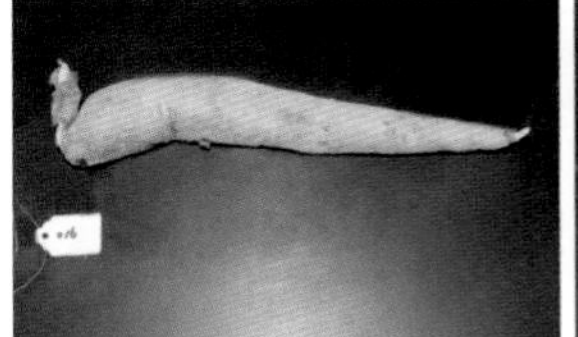
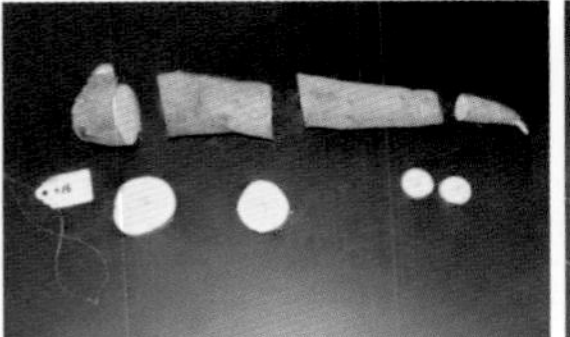
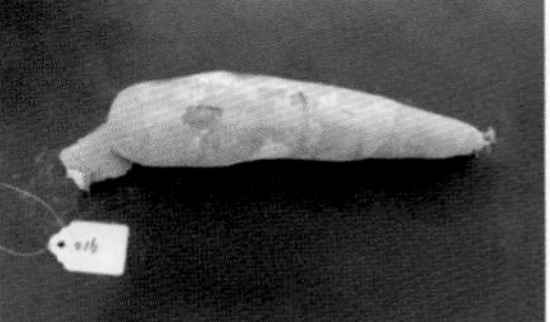
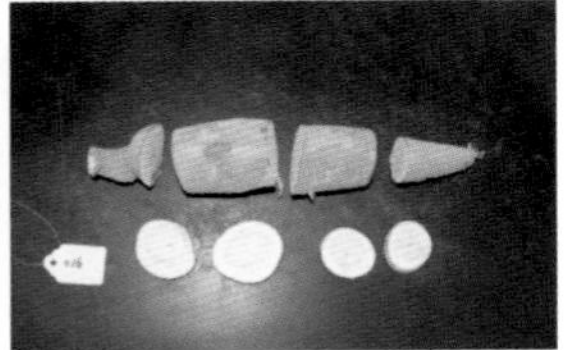

资源编号	资源名称	株高（cm）	主茎高（cm）	分枝长度（cm）	分枝数（个）	分枝角度（°）	株型（1 直立 2 紧凑 3 伞形）	株型（分杈 1 低 2 中 3 高）	节间密度（个 / 50 cm）	块根表皮（1 光滑 2 粗糙）	块根缢痕（1 无 2 有）	主茎粗（cm）
225	GPMS1008L	238.60	221.00	27.67	3	89.5	2	1	15.50	2	1	2.25

资源编号	资源名称	主茎外表皮颜色	主茎内表皮颜色	地上生物量（斤）	单株鲜薯重（斤）	薯肉颜色	氰苷含量（μg/g）	块根的β-胡萝卜素含量（μg/g）	淀粉含量（%）	耐采后腐烂等级	叶片净光合速率[μmol/(m²·s)]
		（1 灰白色 2 灰绿色 3 灰黄色 4 黄褐色 5 中等褐色 6 红褐色 7 深褐色）									
225	GPMS1008L	2	2	7.57	4.40	浅黄	42.14	1.56	20.19	1	11.51

GPMS1010L 木薯

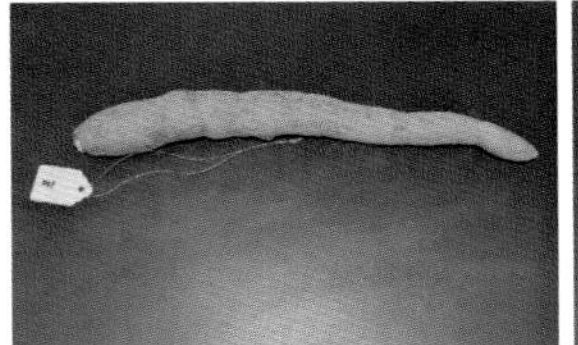
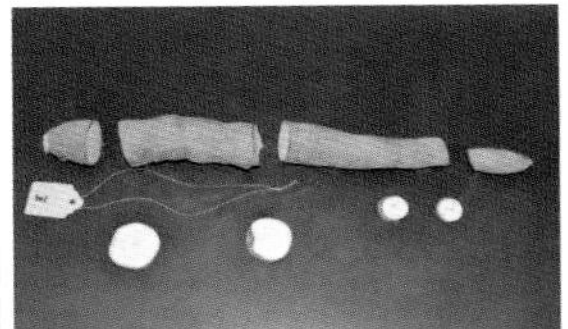

资源编号	资源名称	株高（cm）	主茎高（cm）	分枝长度（cm）	分枝数（个）	分枝角度（°）	株型（1 直立 2 紧凑 3 伞形）	株型（分杈 1 低 2 中 3 高）	节间密度（个 / 50 cm）	块根表皮（1 光滑 2 粗糙）	块根缢痕（1 无 2 有）	主茎粗（cm）
243	GPMS1010L	326.50	178.00	120.50	4	37	3	2	17.86	2	1	2.80

资源编号	资源名称	主茎外表皮颜色	主茎内表皮颜色	地上生物量（斤）	单株鲜薯重（斤）	薯肉颜色	氰苷含量（μg/g）	块根的β-胡萝卜素含量（μg/g）	淀粉含量（%）	耐采后腐烂等级	叶片净光合速率[μmol/(m²·s)]
		（1 灰白色 2 灰绿色 3 灰黄色 4 黄褐色 5 中等褐色 6 红褐色 7 深褐色）									
243	GPMS1010L	7	3	5.25	1.52	白	50.91	0.31	32.47	4	16.49

GPMS1011L 木薯

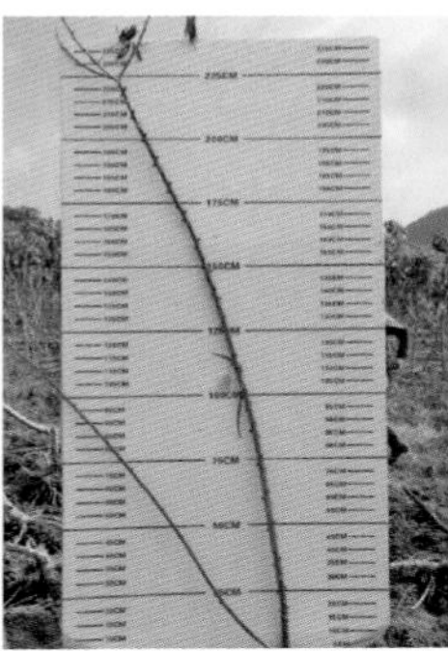

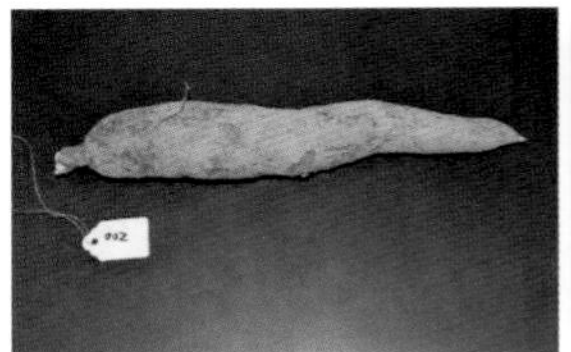

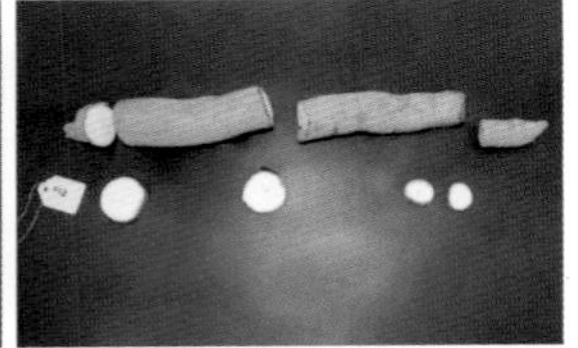

资源编号	资源名称	株高（cm）	主茎高（cm）	分枝长度（cm）	分枝数（个）	分枝角度（°）	株型（1 直立 2 紧凑 3 伞形）	株型（分杈 1 低 2 中 3 高）	节间密度（个 / 50 cm）	块根表皮（1 光滑 2 粗糙）	块根缢痕（1 无 2 有）	主茎粗（cm）
219	GPMS1011L	276.00	253.00	22.80	2	42	3	3	16.89	2	2	2.20

资源编号	资源名称	主茎外表皮颜色	主茎内表皮颜色	地上生物量（斤）	单株鲜薯重（斤）	薯肉颜色	氰苷含量（μg/g）	块根的β-胡萝卜素含量（μg/g）	淀粉含量（%）	耐采后腐烂等级	叶片净光合速率[μmol/(m²·s)]
		（1 灰白色 2 灰绿色 3 灰黄色 4 黄褐色 5 中等褐色 6 红褐色 7 深褐色）									
219	GPMS1011L	5	1	5.50	4.20	白	8.16	0.20	38.56	4	14.27

GPMS1012L 木薯

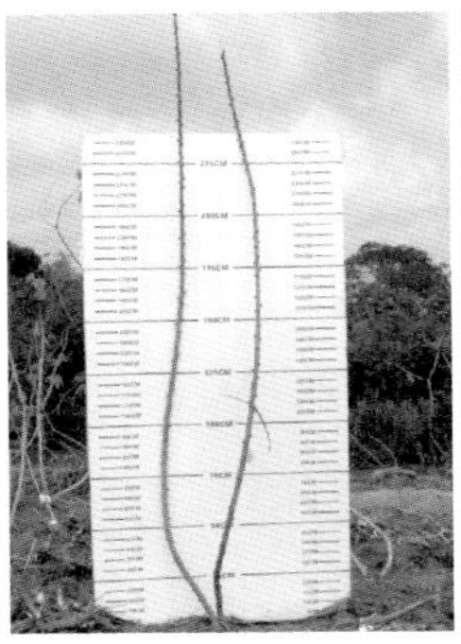
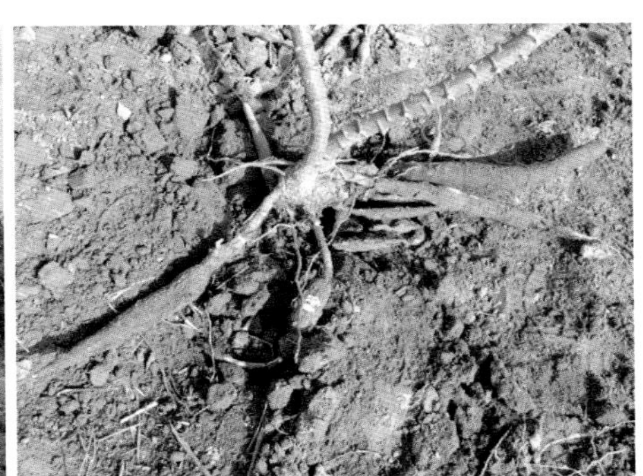

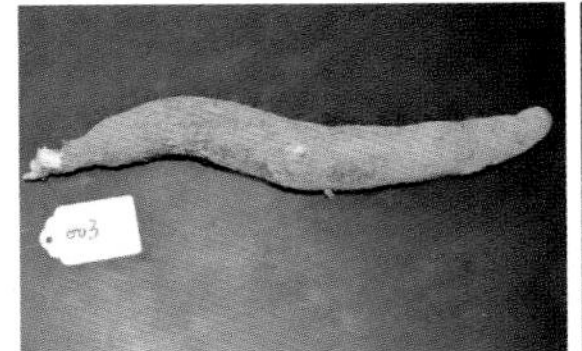
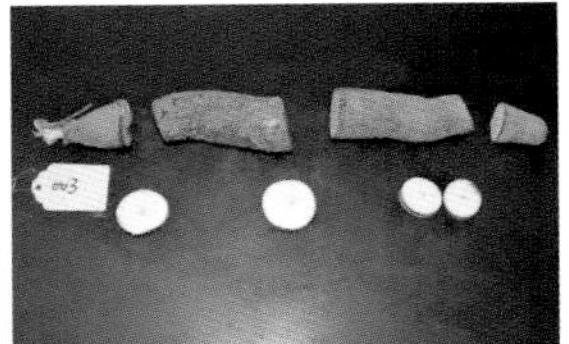
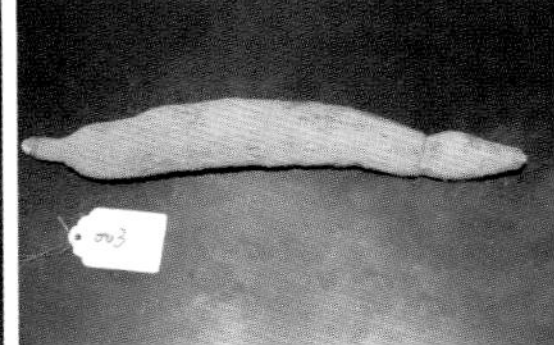
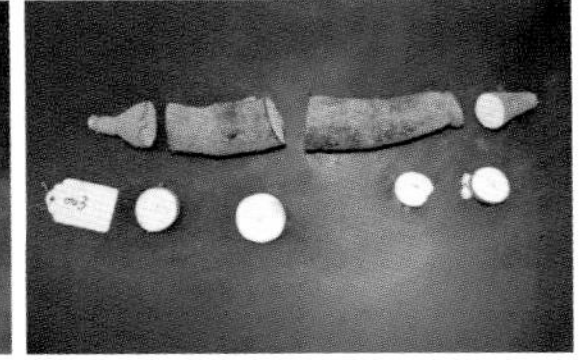

资源编号	资源名称	株高（cm）	主茎高（cm）	分枝长度（cm）	分枝数（个）	分枝角度（°）	株型（1 直立 2 紧凑 3 伞形）	株型（分杈 1 低 2 中 3 高）	节间密度（个 / 50 cm）	块根表皮（1 光滑 2 粗糙）	块根缢痕（1 无 2 有）	主茎粗（cm）
223	GPMS1012L	339.00	306.00	29.50	2	41.30	2	3	17.48	2	2	2.34

资源编号	资源名称	主茎外表皮颜色	主茎内表皮颜色	地上生物量（斤）	单株鲜薯重（斤）	薯肉颜色	氰苷含量（μg/g）	块根的β-胡萝卜素含量（μg/g）	淀粉含量（%）	耐采后腐烂等级	叶片净光合速率[μmol/(m²·s)]
		（1 灰白色 2 灰绿色 3 灰黄色 4 黄褐色 5 中等褐色 6 红褐色 7 深褐色）									
223	GPMS1012L	6	1	7	2.76	白	25.23	0.10	29.50	3	14.31

GPMS1014L 木薯

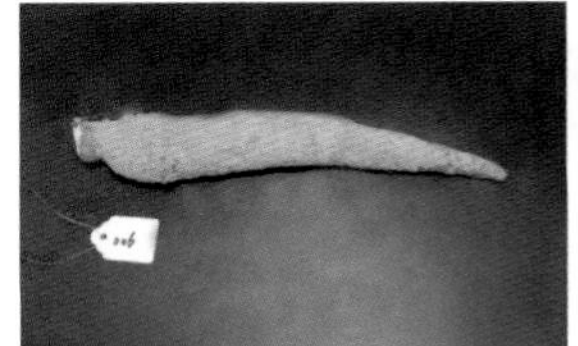
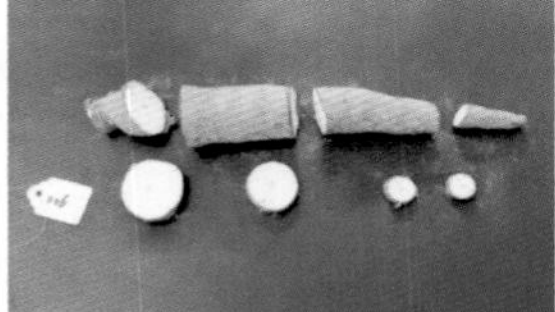

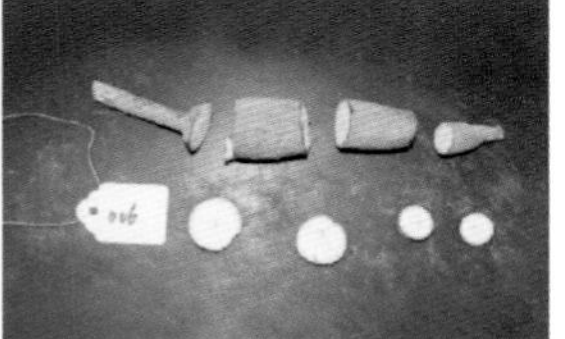

资源编号	资源名称	株高（cm）	主茎高（cm）	分枝长度（cm）	分枝数（个）	分枝角度（°）	株型（1 直立 2 紧凑 3 伞形）	株型（分杈 1 低 2 中 3 高）	节间密度（个 / 50 cm）	块根表皮（1 光滑 2 粗糙）	块根缢痕（1 无 2 有）	主茎粗（cm）
240	GPMS1014L	276.67	207.00	93.00	3	46.67	1	3	21.93	2	1	2.66

资源编号	资源名称	主茎外表皮颜色	主茎内表皮颜色	地上生物量（斤）	单株鲜薯重（斤）	薯肉颜色	氰苷含量（μg/g）	块根的β-胡萝卜素含量（μg/g）	淀粉含量（%）	耐采后腐烂等级	叶片净光合速率[μmol/(m²·s)]
		（1 灰白色 2 灰绿色 3 灰黄色 4 黄褐色 5 中等褐色 6 红褐色 7 深褐色）									
240	GPMS1014L	7	3	4.59	1.40	白	22.38	0.23	21.03	4	13.38

GPMS1015L 木薯

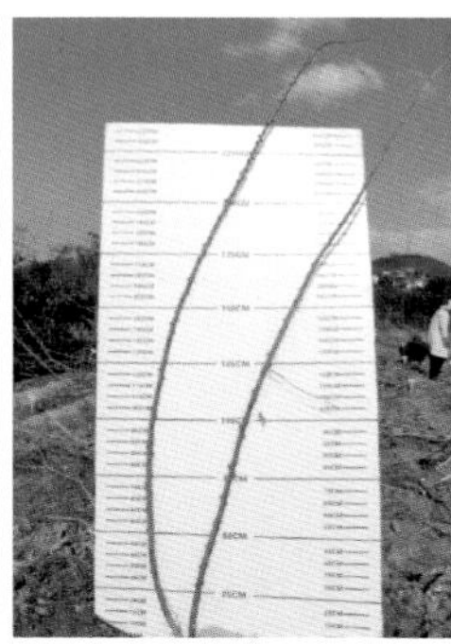

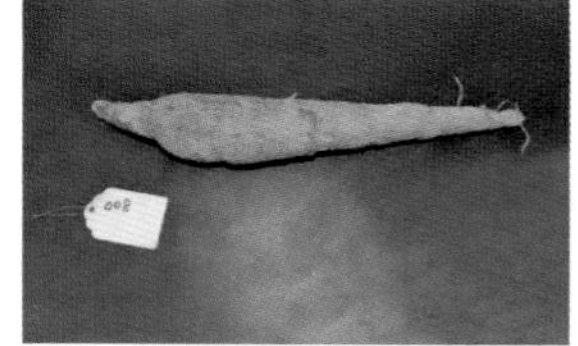

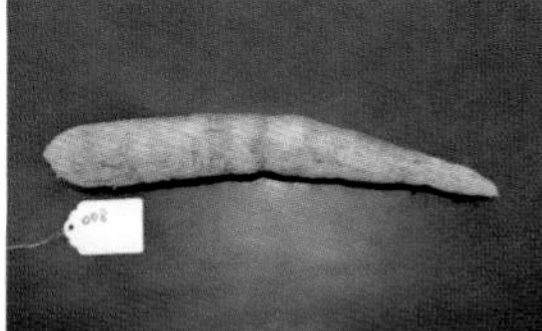
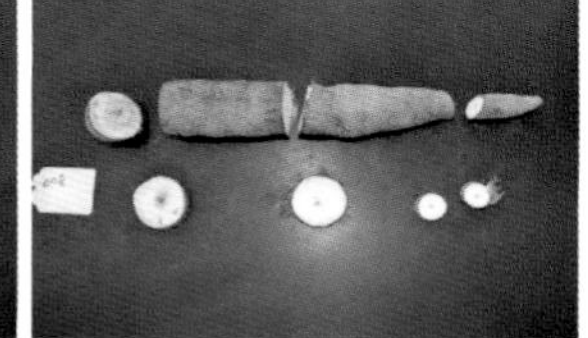

资源编号	资源名称	株高（cm）	主茎高（cm）	分枝长度（cm）	分枝数（个）	分枝角度（°）	株型（1 直立 2 紧凑 3 伞形）	株型（分杈 1 低 2 中 3 高）	节间密度（个 / 50 cm）	块根表皮（1 光滑 2 粗糙）	块根缢痕（1 无 2 有）	主茎粗（cm）
229	GPMS1015L	228.25	184.00	42.00	2	74.0	2	1	16.23	2	2	2.58

资源编号	资源名称	主茎外表皮颜色	主茎内表皮颜色	地上生物量（斤）	单株鲜薯重（斤）	薯肉颜色	氰苷含量（μg/g）	块根的β-胡萝卜素含量（μg/g）	淀粉含量（%）	耐采后腐烂等级	叶片净光合速率[μmol/(m²·s)]
		（1 灰白色 2 灰绿色 3 灰黄色 4 黄褐色 5 中等褐色 6 红褐色 7 深褐色）									
229	GPMS1015L	7	3	6.97	3.46	白	24.33	0.08	24.59	2	15.95

GPMS1016L 木薯

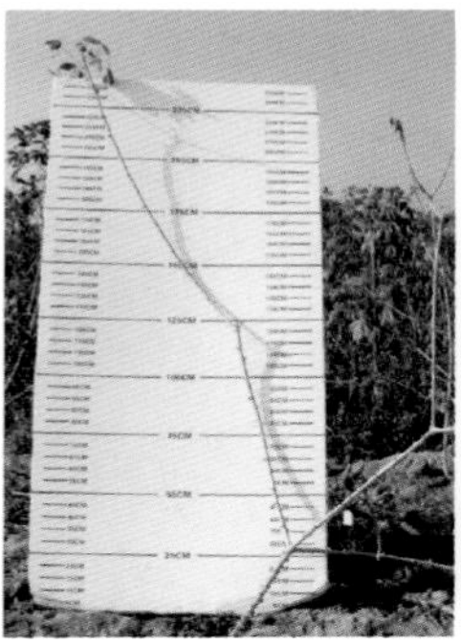

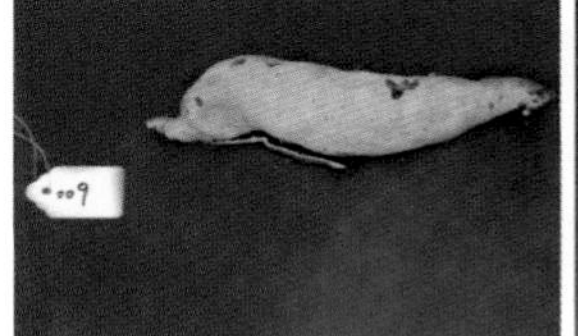

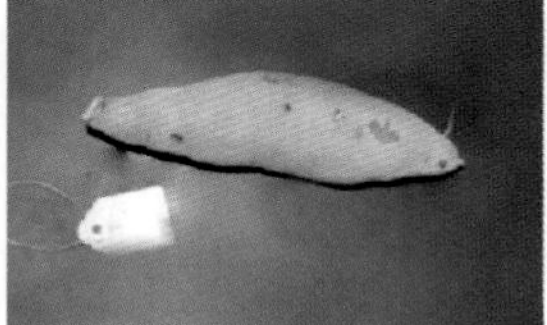

资源编号	资源名称	株高（cm）	主茎高（cm）	分枝长度（cm）	分枝数（个）	分枝角度（°）	株型（1 直立 2 紧凑 3 伞形）	株型（分杈 1 低 2 中 3 高）	节间密度（个 / 50 cm）	块根表皮（1 光滑 2 粗糙）	块根缢痕（1 无 2 有）	主茎粗（cm）
241	GPMS1016L	313.60	116.00	117.20	2	76.0	3	1	20.33	2	1	1.98

资源编号	资源名称	主茎外表皮颜色	主茎内表皮颜色	地上生物量（斤）	单株鲜薯重（斤）	薯肉颜色	氰苷含量（μg/g）	块根的β-胡萝卜素含量（μg/g）	淀粉含量（%）	耐采后腐烂等级	叶片净光合速率[μmol/(m²·s)]
		（1 灰白色 2 灰绿色 3 灰黄色 4 黄褐色 5 中等褐色 6 红褐色 7 深褐色）									
241	GPMS1016L	1	5	6.27	0.70	白	44.42	0.19	29.39	4	16.78

GPMS1017L 木薯

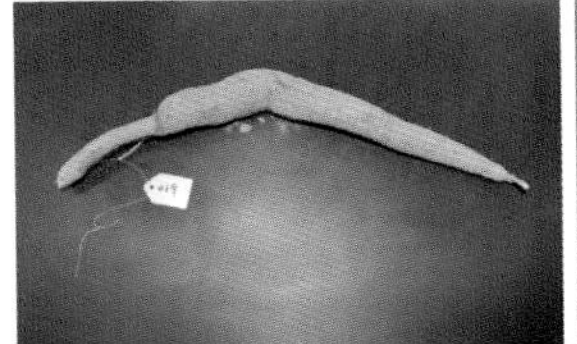
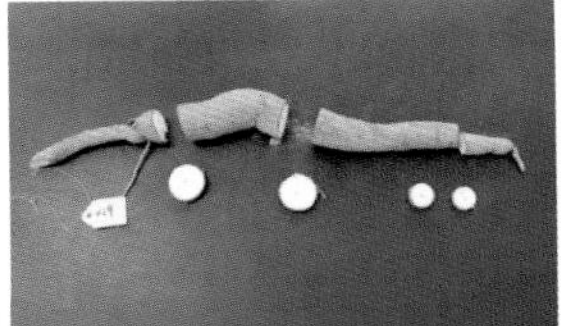
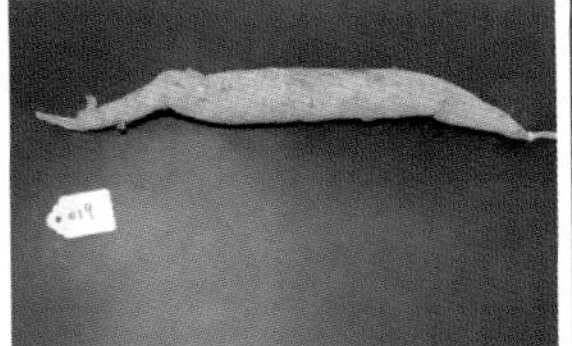
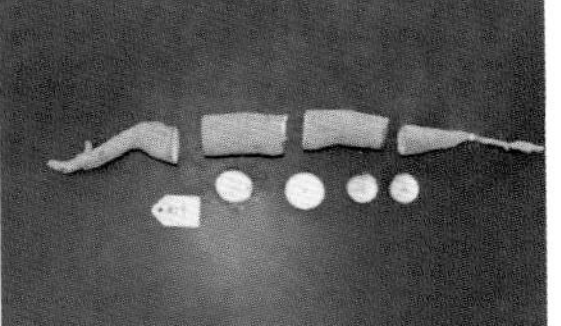

资源编号	资源名称	株高（cm）	主茎高（cm）	分枝长度（cm）	分枝数（个）	分枝角度（°）	株型（1 直立 2 紧凑 3 伞形）	株型（分杈 1 低 2 中 3 高）	节间密度（个 / 50 cm）	块根表皮（1 光滑 2 粗糙）	块根缢痕（1 无 2 有）	主茎粗（cm）
236	GPMS1017L	304.60	81.80	131.00	2	46	3	2	33.33	2	2	2.72

资源编号	资源名称	主茎外表皮颜色	主茎内表皮颜色	地上生物量（斤）	单株鲜薯重（斤）	薯肉颜色	氰苷含量（μg/g）	块根的β-胡萝卜素含量（μg/g）	淀粉含量（%）	耐采后腐烂等级	叶片净光合速率[μmol/(m²·s)]
		（1 灰白色 2 灰绿色 3 灰黄色 4 黄褐色 5 中等褐色 6 红褐色 7 深褐色）									
236	GPMS1017L	5	3	7.46	3.55	白	26.81	0.10	21.06	3	15.62

GPMS1018L 木薯

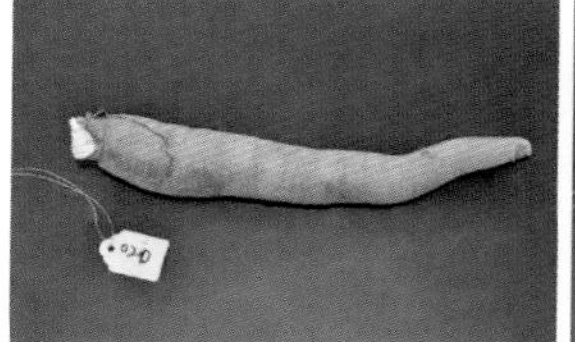
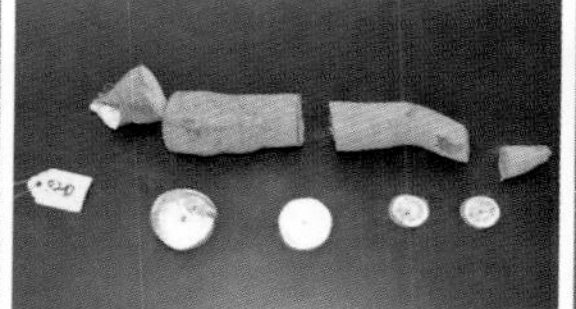
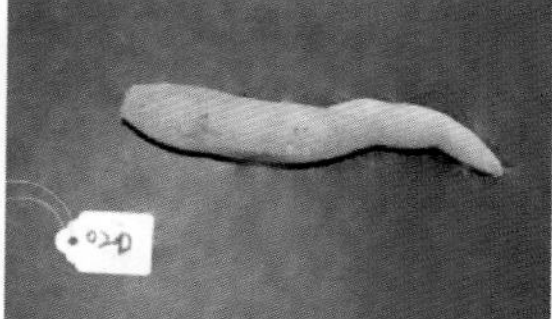
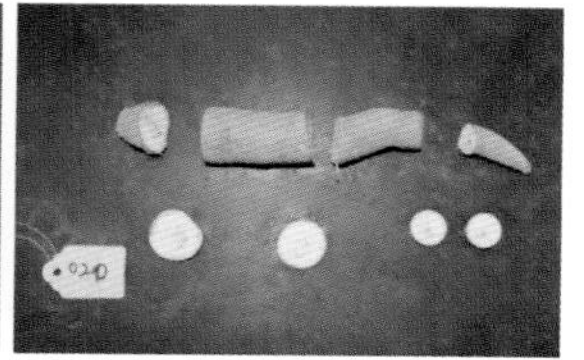

资源编号	资源名称	株高（cm）	主茎高（cm）	分枝长度（cm）	分枝数（个）	分枝角度（°）	株型（1 直立 2 紧凑 3 伞形）	株型（分杈 1 低 2 中 3 高）	节间密度（个 / 50 cm）	块根表皮（1 光滑 2 粗糙）	块根缢痕（1 无 2 有）	主茎粗（cm）
237	GPMS1018L	264.25	88.50	132.00	3	41	3	1	19.38	2	2	1.65

资源编号	资源名称	主茎外表皮颜色	主茎内表皮颜色	地上生物量（斤）	单株鲜薯重（斤）	薯肉颜色	氰苷含量（μg/g）	块根的β-胡萝卜素含量（μg/g）	淀粉含量（%）	耐采后腐烂等级	叶片净光合速率[μmol/(m²·s)]
		（1 灰白色 2 灰绿色 3 灰黄色 4 黄褐色 5 中等褐色 6 红褐色 7 深褐色）									
237	GPMS1018L	5	3	4.27	1.95	白	32.85	0.09	32.33	4	16.00

GPMS1019L 木薯

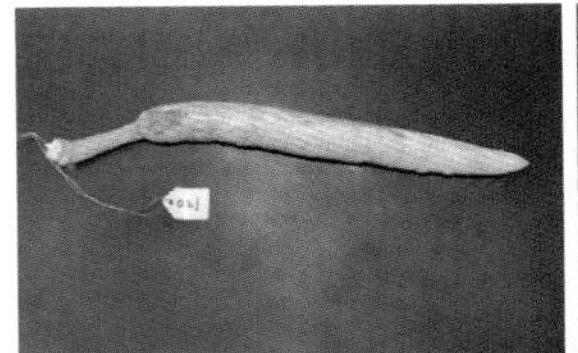
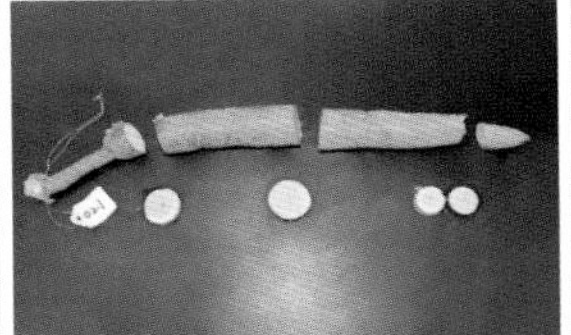
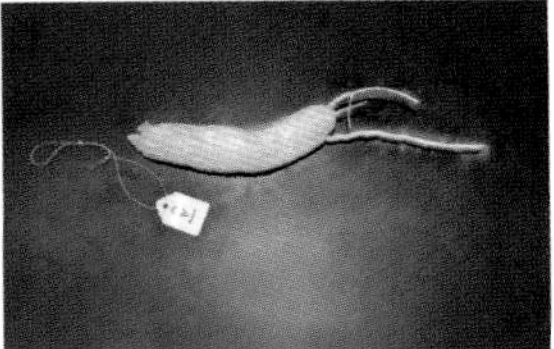
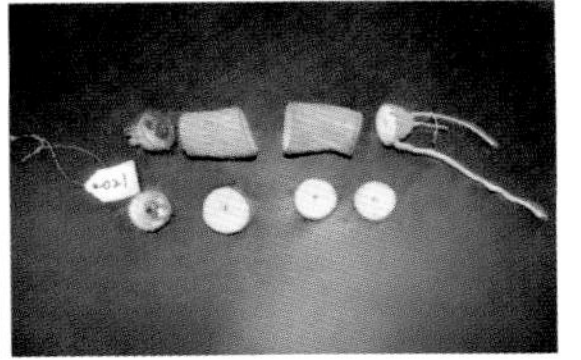

资源编号	资源名称	株高（cm）	主茎高（cm）	分枝长度（cm）	分枝数（个）	分枝角度（°）	株型（1 直立 2 紧凑 3 伞形）	株型（分杈 1 低 2 中 3 高）	节间密度（个 / 50 cm）	块根表皮（1 光滑 2 粗糙）	块根缢痕（1 无 2 有）	主茎粗（cm）
238	GPMS1019L	313.60	132.00	131.00	3	32.50	3	1	20.83	2	2	2.14

资源编号	资源名称	主茎外表皮颜色	主茎内表皮颜色	地上生物量（斤）	单株鲜薯重（斤）	薯肉颜色	氰苷含量（μg/g）	块根的β-胡萝卜素含量（μg/g）	淀粉含量（%）	耐采后腐烂等级	叶片净光合速率[μmol/(m²·s)]
		（1 灰白色 2 灰绿色 3 灰黄色 4 黄褐色 5 中等褐色 6 红褐色 7 深褐色）									
238	GPMS1019L	5	3	7.12	2.46	白	16.03	0.14	29.99	2	14.20

GPMS1020L 木薯

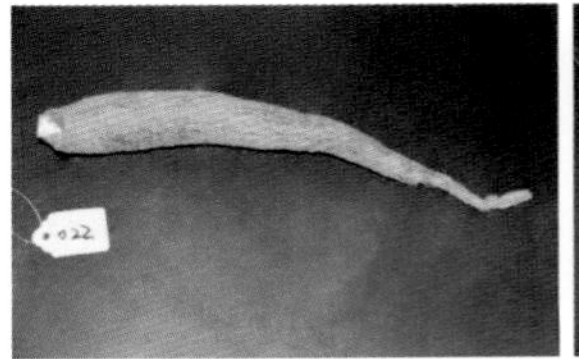
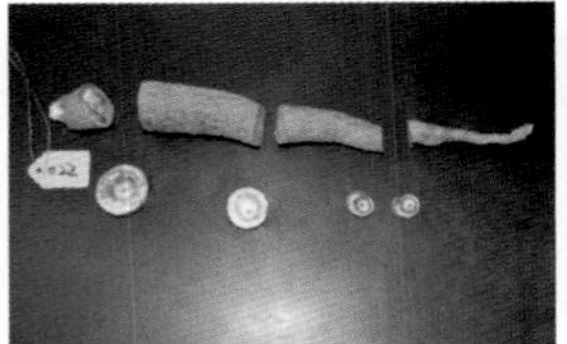

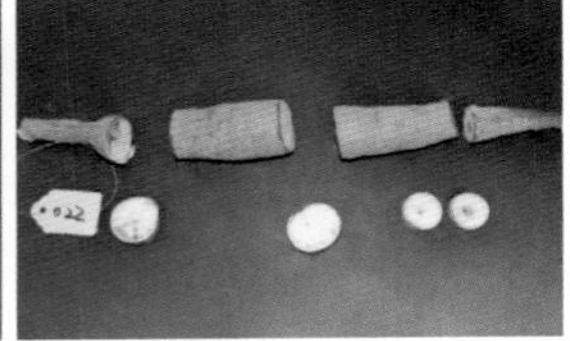

资源编号	资源名称	株高（cm）	主茎高（cm）	分枝长度（cm）	分枝数（个）	分枝角度（°）	株型（1 直立 2 紧凑 3 伞形）	株型（分杈 1 低 2 中 3 高）	节间密度（个/50 cm）	块根表皮（1 光滑 2 粗糙）	块根缢痕（1 无 2 有）	主茎粗（cm）
211	GPMS1020L	285.80	90.20	157.80	3	49	3	2	15.56	2	2	3.26

资源编号	资源名称	主茎外表皮颜色	主茎内表皮颜色	地上生物量（斤）	单株鲜薯重（斤）	薯肉颜色	氰苷含量（μg/g）	块根的β-胡萝卜素含量（μg/g）	淀粉含量（%）	耐采后腐烂等级	叶片净光合速率[μmol/(m^2·s)]
		（1 灰白色 2 灰绿色 3 灰黄色 4 黄褐色 5 中等褐色 6 红褐色 7 深褐色）									
211	GPMS1020L	7	3	4.06	1.40	白	5.96	0.21	36.34	4	17.34

GPMS1022L 木薯

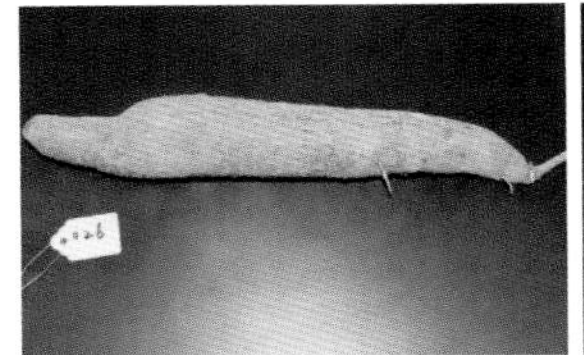
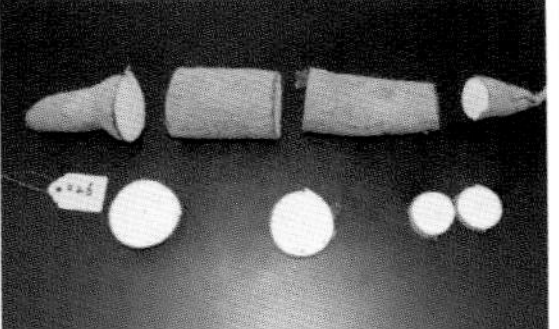
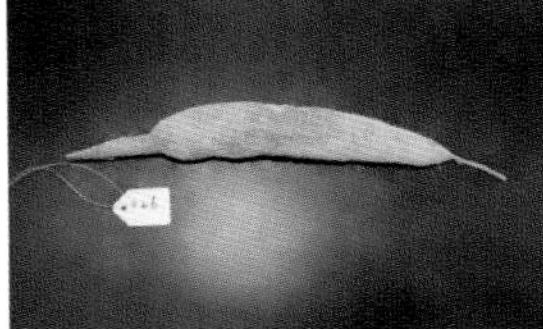
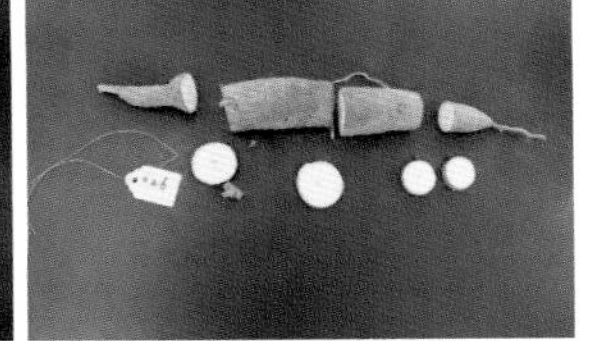

资源编号	资源名称	株高（cm）	主茎高（cm）	分枝长度（cm）	分枝数（个）	分枝角度（°）	株型（1 直立 2 紧凑 3 伞形）	株型（分杈 1 低 2 中 3 高）	节间密度（个 / 50 cm）	块根表皮（1 光滑 2 粗糙）	块根缢痕（1 无 2 有）	主茎粗（cm）
230	GPMS1022L	367.40	98.60	125.80	3	43	3	3	21.74	2	2	2.18

资源编号	资源名称	主茎外表皮颜色	主茎内表皮颜色	地上生物量（斤）	单株鲜薯重（斤）	薯肉颜色	氰苷含量（μg/g）	块根的β-胡萝卜素含量（μg/g）	淀粉含量（%）	耐采后腐烂等级	叶片净光合速率[μmol/(m²·s)]
		（1 灰白色 2 灰绿色 3 灰黄色 4 黄褐色 5 中等褐色 6 红褐色 7 深褐色）									
230	GPMS1022L	5	3	7.20	27.26	白	46.24	0.19	27.44	4	12.36

GPMS1024L 木薯

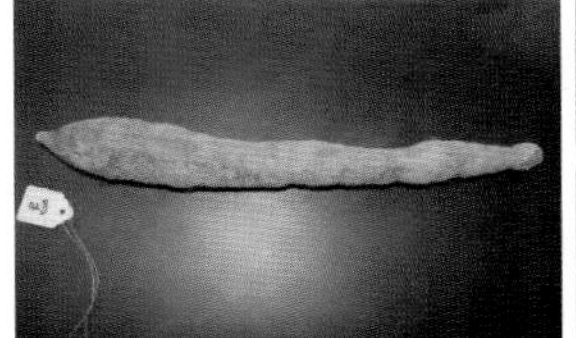
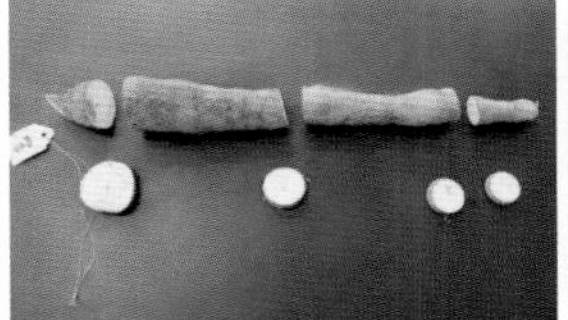

资源编号	资源名称	株高（cm）	主茎高（cm）	分枝长度（cm）	分枝数（个）	分枝角度（°）	株型（1 直立 2 紧凑 3 伞形）	株型（分杈 1 低 2 中 3 高）	节间密度（个/50 cm）	块根表皮（1 光滑 2 粗糙）	块根缢痕（1 无 2 有）	主茎粗（cm）
244	GPMS1024L	208.20	31.80	70.00	4	85.2	1	1	16.03	2	1	2.32

资源编号	资源名称	主茎外表皮颜色	主茎内表皮颜色	地上生物量（斤）	单株鲜薯重（斤）	薯肉颜色	氰苷含量（μg/g）	块根的β-胡萝卜素含量（μg/g）	淀粉含量（%）	耐采后腐烂等级	叶片净光合速率［μmol/(m^2·s)］
		（1 灰白色 2 灰绿色 3 灰黄色 4 黄褐色 5 中等褐色 6 红褐色 7 深褐色）									
244	GPMS1024L	7	3	4.46	1.45	白	87.24	7.85	25.55	1	16.29

GPMS1025L 木薯

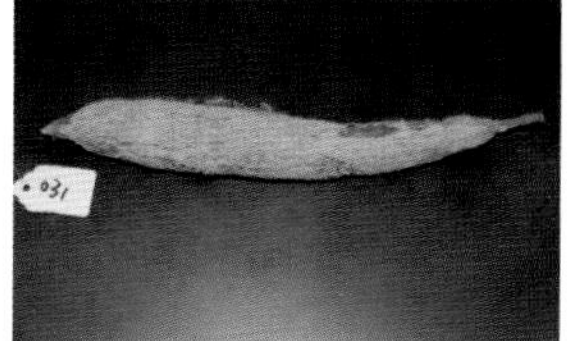
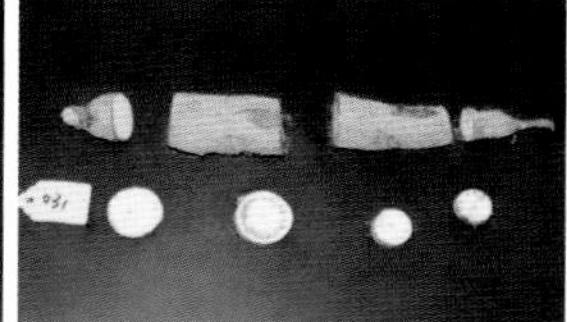
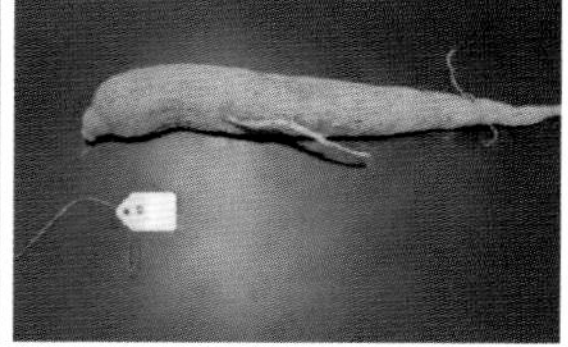
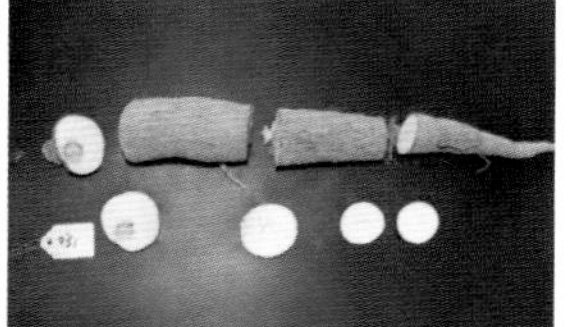

资源编号	资源名称	株高（cm）	主茎高（cm）	分枝长度（cm）	分枝数（个）	分枝角度（°）	株型（1 直立 2 紧凑 3 伞形）	株型（分杈 1 低 2 中 3 高）	节间密度（个 / 50 cm）	块根表皮（1 光滑 2 粗糙）	块根缢痕（1 无 2 有）	主茎粗（cm）
158	GPMS1025L	326.00	326.00	0.00	2	40	3	1	13.16	2	1	2.83

资源编号	资源名称	主茎外表皮颜色	主茎内表皮颜色	地上生物量（斤）	单株鲜薯重（斤）	薯肉颜色	氰苷含量（μg/g）	块根的β-胡萝卜素含量（μg/g）	淀粉含量（%）	耐采后腐烂等级	叶片净光合速率[μmol/(m²·s)]
		（1 灰白色 2 灰绿色 3 灰黄色 4 黄褐色 5 中等褐色 6 红褐色 7 深褐色）									
158	GPMS1025L	6	2	5.80	3.84	白	26.86	0.11	32.10	1.50	18.39

GPMS1026L 木薯

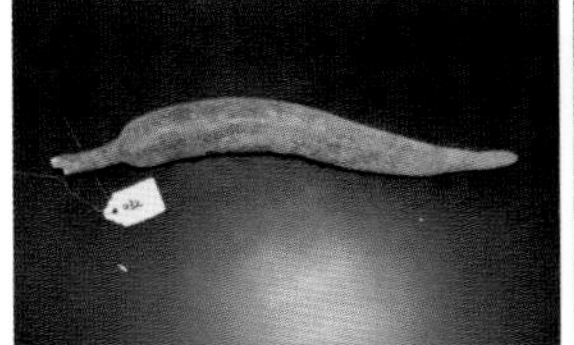
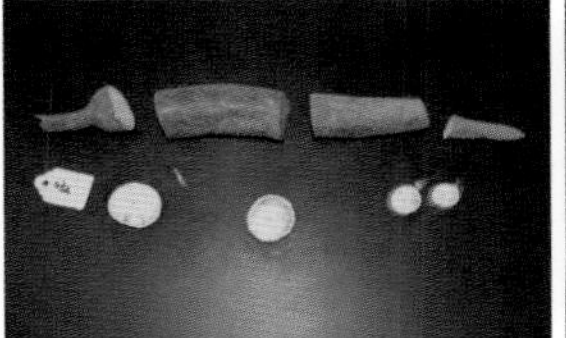

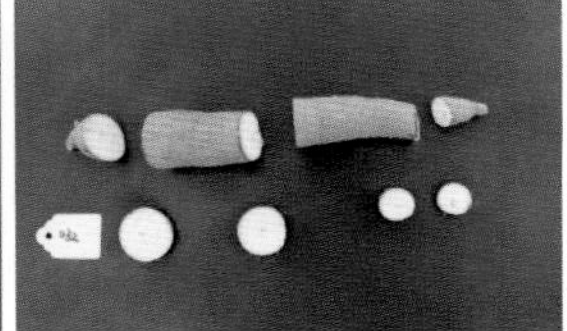

资源编号	资源名称	株高（cm）	主茎高（cm）	分枝长度（cm）	分枝数（个）	分枝角度（°）	株型（1 直立 2 紧凑 3 伞形）	株型（分杈 1 低 2 中 3 高）	节间密度（个 / 50 cm）	块根表皮（1 光滑 2 粗糙）	块根缢痕（1 无 2 有）	主茎粗（cm）
221	GPMS1026L	352.00	274.00	60.25	2	38.30	2	3	18.52	2	1	2.38

资源编号	资源名称	主茎外表皮颜色	主茎内表皮颜色	地上生物量（斤）	单株鲜薯重（斤）	薯肉颜色	氰苷含量（μg/g）	块根的β-胡萝卜素含量（μg/g）	淀粉含量（%）	耐采后腐烂等级	叶片净光合速率[μmol/(m²·s)]
		（1 灰白色 2 灰绿色 3 灰黄色 4 黄褐色 5 中等褐色 6 红褐色 7 深褐色）									
221	GPMS1026L	7	3	6.10	1.41	白	22.85	0.14	32.12	1	14.90

GPMS1027L 木薯

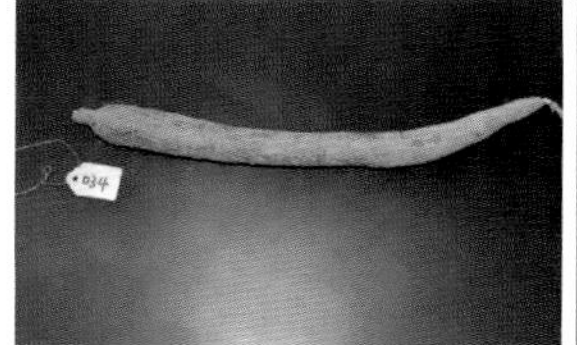
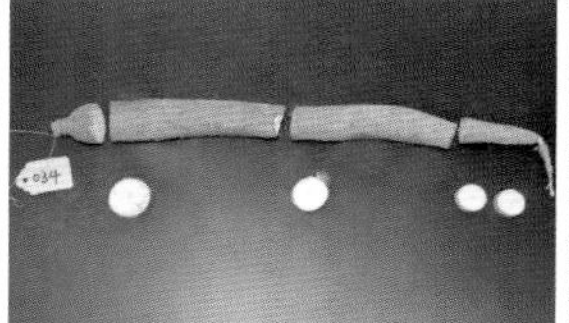

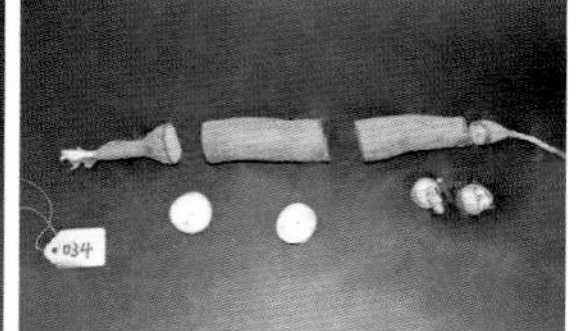

资源编号	资源名称	株高（cm）	主茎高（cm）	分枝长度（cm）	分枝数（个）	分枝角度（°）	株型（1 直立 2 紧凑 3 伞形）	株型（分杈 1 低 2 中 3 高）	节间密度（个 / 50 cm）	块根表皮（1 光滑 2 粗糙）	块根缢痕（1 无 2 有）	主茎粗（cm）
232	GPMS1027L	309.00	122.00	132.80	3	34	3	2	19.69	2	1	2.12

资源编号	资源名称	主茎外表皮颜色	主茎内表皮颜色	地上生物量（斤）	单株鲜薯重（斤）	薯肉颜色	氰苷含量（μg/g）	块根的β-胡萝卜素含量（μg/g）	淀粉含量（%）	耐采后腐烂等级	叶片净光合速率[μmol/(m²·s)]
		（1 灰白色 2 灰绿色 3 灰黄色 4 黄褐色 5 中等褐色 6 红褐色 7 深褐色）									
232	GPMS1027L	5	3	7.60	28.26	白	8.73	0.37	27.92	4	17.54

GPMS1028L 木薯

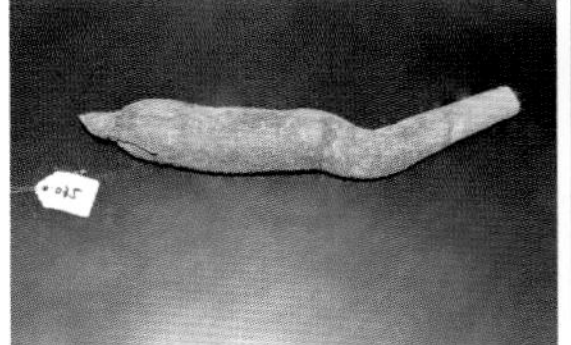
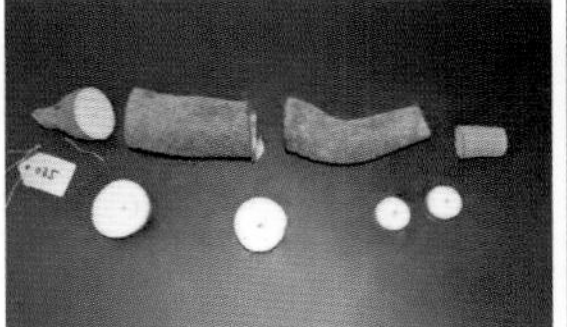
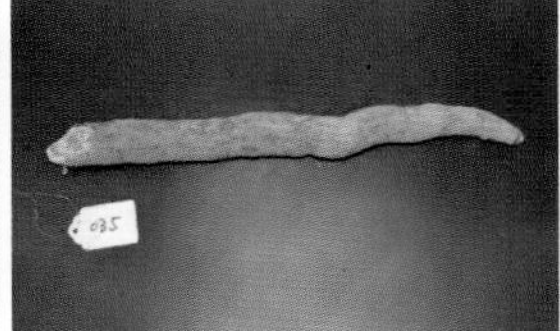
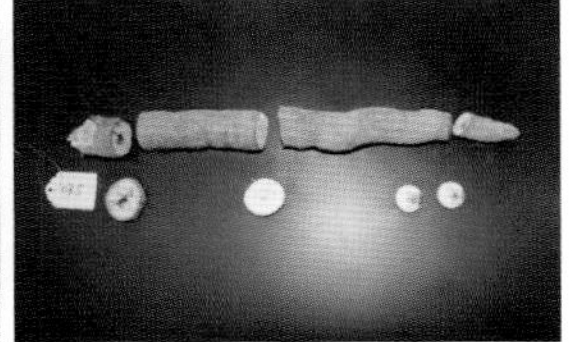

资源编号	资源名称	株高（cm）	主茎高（cm）	分枝长度（cm）	分枝数（个）	分枝角度（°）	株型（1 直立 2 紧凑 3 伞形）	株型（分杈 1 低 2 中 3 高）	节间密度（个 / 50 cm）	块根表皮（1 光滑 2 粗糙）	块根缢痕（1 无 2 有）	主茎粗（cm）
226	GPMS1028L	318.80	278.00	35.00	2	30	2	3	19.08	2	2	2.18

资源编号	资源名称	主茎外表皮颜色	主茎内表皮颜色	地上生物量（斤）	单株鲜薯重（斤）	薯肉颜色	氰苷含量（μg/g）	块根的 β-胡萝卜素含量（μg/g）	淀粉含量（%）	耐采后腐烂等级	叶片净光合速率 [μmol/(m²·s)]
		（1 灰白色 2 灰绿色 3 灰黄色 4 黄褐色 5 中等褐色 6 红褐色 7 深褐色）									
226	GPMS1028L	7	3	5.80	2.03	白	18.63	0.15	30.49	2.50	16.42

SC7 木薯

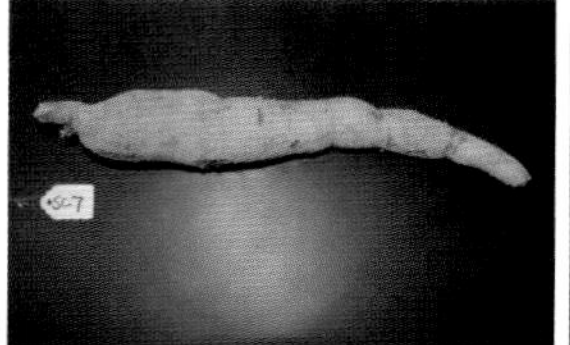

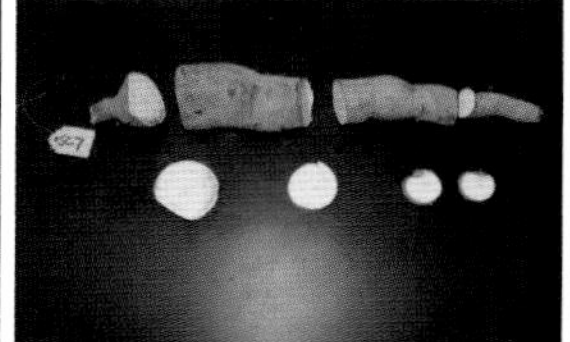
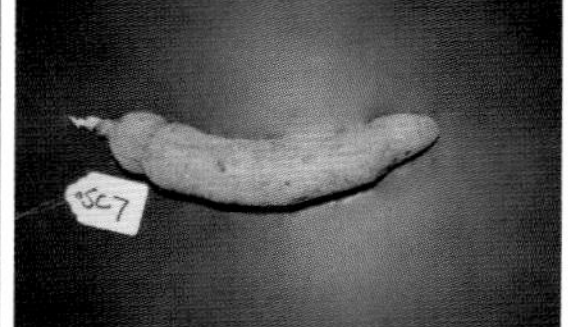

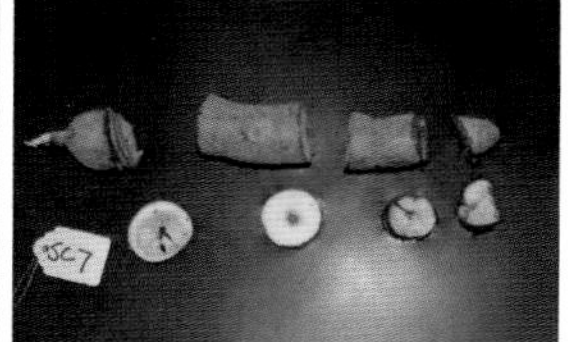

资源编号	资源名称	株高（cm）	主茎高（cm）	分枝长度（cm）	分枝数（个）	分枝角度（°）	株型（1 直立 2 紧凑 3 伞形）	株型（分杈 1 低 2 中 3 高）	节间密度（个/50 cm）	块根表皮（1 光滑 2 粗糙）	块根缢痕（1 无 2 有）	主茎粗（cm）
63	SC7	271.50	87.00	130.00	5	42.50	3	2	16.00	2	2	3.48

资源编号	资源名称	主茎外表皮颜色	主茎内表皮颜色	地上生物量（斤）	单株鲜薯重（斤）	薯肉颜色	氰苷含量（μg/g）	块根的β-胡萝卜素含量（μg/g）	淀粉含量（%）	耐采后腐烂等级	叶片净光合速率［μmol/(m²·s)］
		（1 灰白色 2 灰绿色 3 灰黄色 4 黄褐色 5 中等褐色 6 红褐色 7 深褐色）									
63	SC7	6	4	11	6.93	白	62.79	0.15	26.59	4	17.10

附件：木薯种质资源品质表型组精准评价模型构建

木薯品质评价主要考虑淀粉含量、氰苷含量、耐采后腐烂等级（PPD）、块根的β-胡萝卜素含量和叶片净光合速率共5个方面。高品质的木薯需要具备块根高淀粉、低氰苷含量、高耐PPD、高β-胡萝卜素及叶片高光合强度的特性。依据5种特性逐一分级，每种特性都分成高中低三级，每一级再分成两个等级，用A、A⁻、B、B⁻、C、C⁻表示，并将每种特性分别标以橙蓝红黑绿不同的颜色加以区分，构建木薯种质资源品质表型组精准评价模型。

$$Q = \sum_{i=1}^{n} \binom{n}{k} x_i^m a^j$$

式中：

Q = 木薯种质资源品质评级；

i = 1，…，5（代表第 i 种表型特性的序号）；

n = 5（总共 5 种表型特性）；

k = 1，…，5（代表从第 k 种表型特性起开始累计）；

x_i = SC，或 HA，或 PPD，或 βC，或 PR（代表 5 种表型特性中的第 i 种特性）；

x_i^m：代表第 i 种表型特性的数据分布型；

a^j：代表 5 种表型特性中任意一种的权重系数及其数据分布型。

一、四种特性的数据分布型（x_i^m）

相关系数临界值表

自由度	显著性水平（a）		
$n-m-1$	0.10	0.05	0.01
173	0.124 75	0.148 40	0.194 25
300	0.093 97	0.111 44	0.144 76

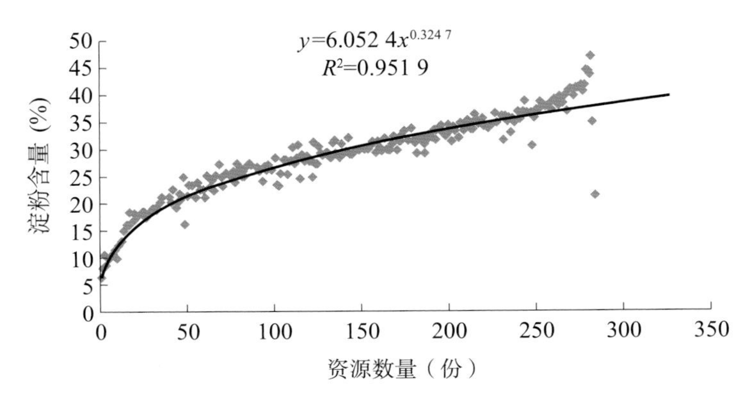

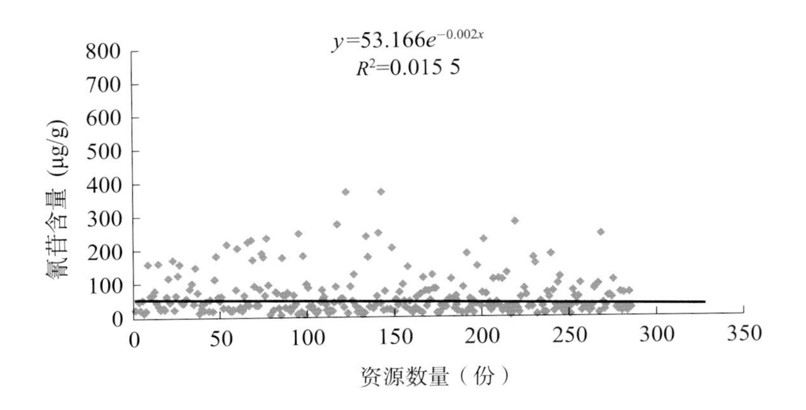

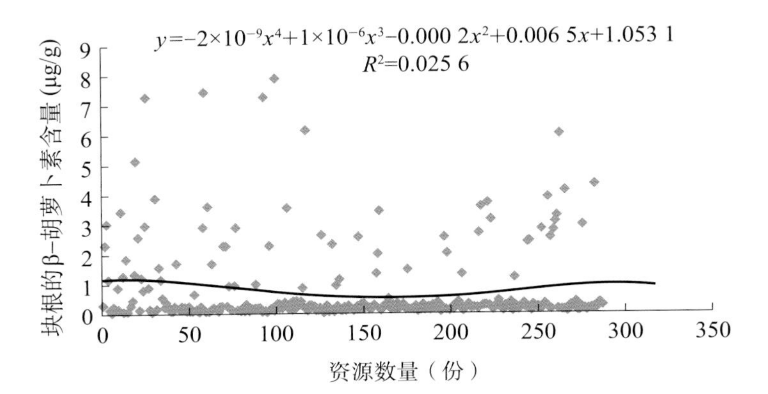

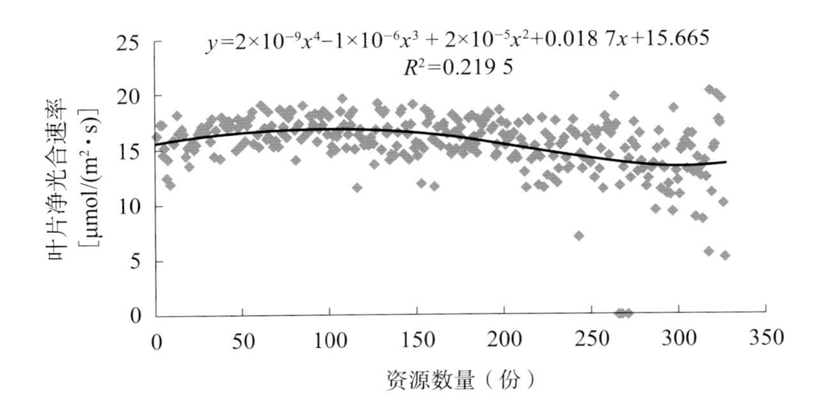

二、资源的品质评分

依据精准模型，进行5种特性分级，综合评定某一木薯种质资源的品质。A、A^-、B、B^-、C、C^-以分数代替，其中A＝20分，A^-＝16.5分，B＝13分，B^-＝9.5分，C＝6分，C^-＝2.5分，最后统计累计得分，即为资源的品质评分数。

资源的品质评分表

淀粉含量（%）分级用橙色标注，级差为4	氰苷含量（μg/g）分级用蓝色标注，级差如下	耐PPD分级用红色标注，级差为1	β-胡萝卜素含量（μg/g）分级用黑色标注，级差如下	叶片净光合速率（$\mu mol \cdot m^{-2} \cdot s^{-1}$）分级用绿色标注，级差为1.5
A级，SC≥38	A级，HA≤10	A级，PPD=6	A级，βC≥3	A级，PR≥18
A^-级，34＜SC＜38	A^-级，10＜HA≤20	A^-级，PPD=5	A^-级，1≤βC＜3	A^-级，16.5≤PR＜18
B级，30＜SC≤34	B级，20＜HA≤30	B级，PPD=4	B级，0.3≤βC＜1	B级，15≤PR＜16.5
B^-级，26＜SC≤30	B^-级，30＜HA≤50	B^-级，PPD=3	B^-级，0.2≤βC＜0.3	B^-级，13.5≤PR＜15
C级，22＜SC≤26	C级，50＜HA≤100	C级，PPD=2	C级，0.1≤βC＜0.2	C级，12≤PR＜13.5
C^-级，SC≤22	C^-级，HA＞100	C^-级，PPD=1	C^-级，βC＜0.1	C^-级，PR＜12

三、优良木薯种质资源

利用种质资源品质表型组精准评价模型，发掘出18种优良木薯种质资源（下表）。

优良木薯种质资源表

序号	资源名称	品质评分	序号	资源名称	品质评分
1	MS000315	86	10	MS000245	68.5
2	GPMS0977L	79	11	MS000030	68.5
3	GPMS0980L	75.5	12	MS000036	65
4	GPMS0981L	75.5	13	MS000583	65
5	MS000436	75.5	14	MS000312	65
6	MS000532	72	15	GPMS0984L	65
7	MS000223	72	16	MS000514	65
8	MS000241	72	17	MS000465	65
9	MS000194	68.5	18	MS000150	65